一起走进

孩子的内心世界

悄悄话 好好听

——儿童心理
成长手册

顾亚亮
史欣鹃 | 著

人民卫生出版社
·北 京·

图书在版编目（CIP）数据

悄悄话好好听：儿童心理成长手册/顾亚亮，史欣鹃著. —— 北京：人民卫生出版社，2023.3
ISBN 978-7-117-33689-5

Ⅰ.①悄… Ⅱ.①顾…②史… Ⅲ.①儿童心理学 Ⅳ.① B844.1

中国版本图书馆 CIP 数据核字（2022）第 191377 号

| 人卫智网 | www.ipmph.com | 医学教育、学术、考试、健康，购书智慧智能综合服务平台 |
| 人卫官网 | www.pmph.com | 人卫官方资讯发布平台 |

悄悄话　好好听：儿童心理成长手册

Qiaoqiaohua　Haohaoting:Ertong Xinli Chengzhang Shouce

著　　者：顾亚亮　史欣鹃
出版发行：人民卫生出版社（中继线 010-59780011）
地　　址：北京市朝阳区潘家园南里 19 号
邮　　编：100021
E - mail：pmph @ pmph.com
购书热线：010-59787592　010-59787584　010-65264830
印　　刷：北京顶佳世纪印刷有限公司
经　　销：新华书店
开　　本：710×1000　1/16　印张：23
字　　数：279 千字
版　　次：2023 年 3 月第 1 版
印　　次：2023 年 3 月第 1 次印刷
标准书号：ISBN 978-7-117-33689-5
定　　价：69.00 元

打击盗版举报电话：010-59787491　E-mail：WQ @ pmph.com
质量问题联系电话：010-59787234　E-mail：zhiliang @ pmph.com
数字融合服务电话：4001118166　E-mail：zengzhi @ pmph.com

悄悄话

致我亲爱的爸爸和妈妈：

　　我是你们一直期待的小宝贝。在我出生之前，你们一定有许多关于我的幻想。在我出生之后，你们也许会因为我的淘气而生气。没有办法，我就是这样独一无二的宝贝，可爱是我，令人厌烦也是我。

　　我就像一块璞玉，外表是灰突突的，里面也并非全然晶莹剔透。尽管如此，只要小心打磨，一定会在其中发现宝玉。所以，在我的成长过程中，需要爸爸妈妈小心探索独属于我的性格特点，顺应特殊的纹理一点点打磨，而不是大刀阔斧地切割。只有这样，才能让我在有规则的自由中发展，激发出内在蓬勃的生命力。

　　爸爸妈妈需要了解的是，我有独属于自己的性格。可能很安静，也可能很活泼；情绪可能很敏感，也可能很迟钝；可能很好照顾，也可能很闹人……只要我是健康的，这些与生俱来的性格没有什么好坏。

只要用心了解我、陪伴我，让我在成长过程中获得足够好的爱，就无须担心安静的我长大后过于内向，不会与人相处；活泼的我过于淘气，不受老师喜欢。在我未来的生命历程中，内向的我更善于思考；活泼的我更善于和人打交道；敏感的我更擅长从事社会工作；而情感相对迟钝的我更擅长逻辑思维。无论我的个性如何，亲爱的爸爸妈妈都可以轻松地拉着我的小手迈向属于我的人生。

悄悄话   为了达成这个目标，我想对你们说：

在我满百天之前，是我最脆弱无助的时期，请把全部精力、情感投入给我。我期待妈妈的目光始终跟随我一个人，在我醒着的时候尽可能多地跟我说话、唱歌，随时满足我的任何看上去合理或不合理的需要。

在我4个月到12个月大的时候，我仍然期待有一个或几个人（爸爸、妈妈或者其他长辈）全心全意照顾我的衣食住行、身体健康和情感，在我有需要时马上有人出现，给予我积极的反馈。在我开始蹒跚学步的时候，除陪伴之外，请给我"探险"的自由，教会我秩序和规则，帮助我一步步适应外部环境。

随着年龄的增长,您在适时为我提供帮助的同时也要主动放手,让我能够像小鹰一样不断练习,终有一天能够张开属于自己的翅膀,自由翱翔。

我期待你们,在我尝试执拗地说"我要"的时候,尊重我、理解我,让我感受到自己的尊严。我还期待你们能够带着我一起阅读,让我自然而然地爱上学习,和我一起充分挖掘学习潜力;无条件地爱我,一点点将善良之光融入我的心灵深处;经常带我亲近大自然,让我从自然中收获阳光、感受大地的脉动,催生想象力,激发创造力。

我期望你们理解我那些看上去不可理喻的行为,理解行为背后的原因,并根据我的需要帮助我探索自己,发现最好的"我",以减少我的不良行为,使我获得心身的全面成长。

我期望你们在我面前尽量言出必行,一诺千金,这样我才能无条件地信任你们,从而更加相信自己和对这个世界抱有善意。如果你们犹豫不决,在不同的教育方法间摇摆不定,或者总是说话不算数,我就无法相信你们,更加无法相信这个世界,内心会充满了不信任感。我会变得蛮横无理,习惯把我的意志和要求强加到你们身上。这样一来,你们就会生气,而这又会使我伤心难过。所以,当你们在温柔和严厉之间举棋不定时,请看着我——你们与众不同的宝宝,我需要的是属于我的,而不是"别的孩子都这样"的养育方式。

在我进入幼儿园之前，帮助我学会把家长无条件的爱装进心中，这样即使你们不在我身边，我也知道只要我需要，你们就能来到我身边。我就能带着你们的爱探索自己小小的内心世界和更广阔的外部世界。

当我背上小书包走进学校的时候，我期望你们能够教给我——用书香浸染自己，而不是用考试束缚自己。这样的我会更加热爱学习，不用你们的督促我也可以开开心心地自觉完成作业，从容应对考试。

请不要过度保护我，如果在长大的过程中我没有学会保护自己，那么随着年龄的增长，我会因为没有你们的保护而胆怯。

请不要过度宠溺我，如果我得到的太多，我的欲望就会过度膨胀，创造力会随之减少。在我长大成人的某一天，我会发现自己有太多无法满足的愿望，因此对自己和这个世界失望。

如果我能从父母那里获得这样无条件的爱和有边界的自由，我将具有与人相互理解、沟通、建立关系的能力；具有观察、倾听、感受、表达、判断和请求他人帮助的能力；具有了解自己，确定自己的目标，制订规划，一步步达成目标的能力；具有承担责任，预见自己的行为后果，吸取教训的能力；具有爱妈妈、爱爸爸、爱自己，获得幸福、成功的能力；具有面对困难、失败的勇气。

如此这般，我将在你们的帮助下渐渐露出晶莹的一角，并一点点展露更多风采。有一天，你们会发现，你们帮助我挖掘出了埋藏在内心深处的瑰丽宝藏，不论与你们的期冀是否相同，都将拥有令你们骄傲、自豪的独特韵味和独属于我的幸福、快乐和成功。

悄悄话

目录

0~1岁

我出生了　1

我是"无助、强大"的新宝宝　2

我是小小黏人精　20

请用爱来拥抱我　30

是我发现了世界，还是世界发现了我　38

我满月了　39

我和妈妈原来是两个人　48

快速成长中　61

小豆丁百天啦　62

长大静悄悄　67

和妈妈的第一次分离　77

我的视野扩大了　83

迈出生命的第一步　95

从坐稳到匍匐前进　96

宝宝从此站起来了　104

从站立到行走　110

1～3 岁

用双脚探索世界　121

长了"小马达"的小脚　122

我是小小探险家　131

我和我的便便　140

可怕还是独立的两岁　144

爱与坚定让宝宝远离情感风暴　145

成长中的独立与自由　153

成长不仅仅是一个过程　157

爱，一如既往　163

我是聪明可爱的大宝宝　171

目录

3～6岁

我是幼儿园小朋友 181

初入幼儿园 182

在游戏中长大 193

日益强壮的宝宝 208

内心日益丰富 217

我是中班的大朋友 225

迷人的宝宝 226

游戏让我的内心更加丰富多彩 241

认识情绪 管理情绪 251

幼儿园大班有些不一样 259

幼小衔接很容易 260

从现在开始像小学生那样学习 271

6～12 岁

小学我来了 281

我是一年级小学生 282

理解情绪 爱上学习 289

快乐的小学时光 309

快乐二年级 310

三年级是一个转折点 319

阳光灿烂的日子 328

与青春相遇 342

0～1岁

我出生了　1

是我发现了世界,还是世界

　　发现了我　38

快速成长中　61

迈出生命的第一步　95

出生的第一个月是宝宝成长过程中最重要的时间。这时的宝宝身体和心理都很脆弱,希望妈妈只属于自己一个人并满足自己的需要,被满足的宝宝会更可爱、更聪明。

我出生了

我是"无助、强大"的新宝宝

呱呱坠地

一股力量把我从只属于我的、不会被任何人进入的温暖、舒适、安全、安静和黑暗的子宫推到了一个嘈杂、被灯光充满的陌生房间。这对我而言可不是一件愉快的事情。没有温暖的羊水包裹，也没有妈妈熟悉的心跳，而且再也不能通过脐带直接从妈妈那里获得养分和氧气，迫使我不得不自己呼吸。平静的生活完全被打乱了，我感到无措和不安。这种内心的惶惑如果能用语言表达一定是"天呐，这是哪里？我不要在这里，我要回去！"

可是我还没有学会任何语言，只能无助地大声哭喊，然而在这个充满了陌生人、陌生事物的房间里，没有人安抚我，只有一双双陌生的手把我抱来抱去。为我称重、做检查，他们关注的是从我的皮肤颜色、心律、表情、肌张力、呼吸、反射、注意力、互动能力等几个方面了解我的身体是否足够健康，没有人有精力关注一个小宝宝的情绪。

我无暇分辨是谁在做什么。陌生的环境、陌生的人、陌生的声音、陌生的呼吸方式，这一切都让我感到既好奇又忧伤。我睁着眼睛东瞅瞅西望望，可是似乎什么也看不到。事实上，此时的我还是一个"超级近视眼"，一切在我眼中都是模糊不清的。此时，我还不知道自己要到12个月之后才能具备和正常成人差不多的视力。我企图用双眼看清这个完全陌生的世界，然而不论我如何努力，眼前只能看到如浓雾笼罩的光影。

我只能更大声哭泣，哭泣让我的肺张开了，空气涌进我的肺部，这种感觉新奇而陌生。陌生感让我更加无措，只能拼命挥动着小手和小脚，试图抓住点什么东西来缓解自己的不安。这时我牢牢地抓住了一根手指，手指的主人颇费了些功夫才把手指从我的小手中抽出来。这不是我的特异功能，正常小宝宝初生时小手力大无穷，医生把这种能力称为新生儿的"抓握反应"。这种天然的力量让我在等待和妈妈重逢的时间里获得些许安慰。

这时候的我皮肤红红的、皱巴巴的，还覆盖了一些绒毛和一层被称为"胎脂"的乳白色油状物质，虽然它们能够保护我幼嫩的皮肤不受感染的侵袭，但看上去却很难看。这时，不知是谁说我就像一只皱皱巴巴的小猴子，话语中的随意让我感到有些不舒服。即使我听不懂这句话的意思，还是使劲地踢了一脚，以表达自己的不满。

没有人会介意我的小动作，漂亮的白衣姐姐自然地抱起我，把我递给妈妈，妈妈疲惫却清澈的眼睛中映出我的倒影。即使一切模糊，我还是能感到妈妈如水的温柔。这种温柔让我的心一下子安定了下来。

作者有话说……

出生——对新生儿而言是一个创伤，它迫使宝宝自己呼吸、觅食、在陌生环境和妈妈以陌生的角度相遇。这种陌生感既让宝宝充满了好奇，也让宝宝感到烦恼和不安。幸好与生俱来的多种新生儿反射让孩子拥有天然的力量，以及随之而来的妈妈、爸爸对宝宝的无条件的关注，让宝宝在这个过程中逐渐学会一生中重要的能力之一——获得"安全感"，从而具备了适应出生后环境的基本能力。

软糯糯的小人儿

不论别人怎么说，我在妈妈心目中就是最可爱的小宝宝。

我的身高大概 50 厘米，体重约 3.5 公斤，有一个大脑袋，软软的小胳膊、小腿、小身子。顺便说一下，因为我是顺产宝宝，刚出生的时候脑袋可能会有些长，这是在出生过程中被产道挤压而形成的。亲爱的妈妈应该不会为此而担心，因为她知道我的头骨还没有完全闭合，很快我的脑袋就会长成正常形状了。不过妈妈还是应该注意，我头顶有两块没有闭合被医生称为"前囟"和"后囟"的骨头，后囟将在我出生一个多月后闭合，而前囟要到我 1 岁半时才会完全闭合，在这之前我的头是很容易受伤的。此外，我的小脖子也很软，脊椎、关节都还在成长中，所以在两岁之前需要爸爸妈妈格外细心呵护。

除此之外，我还想告诉爸爸妈妈，我现在只是一个小宝宝，身体和成人有很大不同。在我出生的最初两周，我每分钟要呼吸 40～50 次，心率每分钟 120～140 次，体温 37～37.5℃。所以，你摸我时会感到我的小胸脯起伏很快，身体热乎乎的。这种情况说明我的身体还不够成熟，自主调节能力与成人相比还差得很远，尤其是还不太能自动调节体温，如果在冷天包裹不严，我的体温也可能会降到 36℃以下；同样太热也会让我的体温升高，这两种情况都有可能严重伤害到我。所以，妈妈一定要在天冷的时候把我包得暖暖的，天热的时候帮我降降温。

和爸爸妈妈在一起

　　不知过了多久有人把我抱进另一个陌生的房间。我终于听到了在子宫里早已熟悉的妈妈的声音。我兴奋地挥动着小手探索声音的来源，试图更快和妈妈连接在一起，从中获得安全感。妈妈和我心有灵犀，也向我伸出了手。妈妈纤巧的手和我软软的小手在空中相遇，我使劲地抓住妈妈暖暖的手指，我的心也变得暖暖的。

　　我在妈妈温暖的怀抱中，感受着那熟悉的心跳。我竖起小耳朵，试图去听妈妈发出的全部声音。我听到妈妈说："宝宝好可爱，她真是我们创造的生命奇迹。她一定非常健康，抓我手指的力气好大。"另一个同样熟悉的、更醇厚的、充满爱意的声音说道："是的，宝宝就像你一样可爱呢，看她的下巴和你一模一样。"我想那是我的爸爸。接着我听到爸爸又说："宝宝的脸型、眉毛、嘴巴也都很像你。""宝宝的眼睛很像你，鼻子也和你一样"，这是妈妈的声音。他们努力地在我身上寻找着与自身相同的部分，重建和我在一起熟悉的感觉。这种熟悉感同样让爸爸妈妈感到幸福和自我完整，使他们沉浸在喜悦中。虽然，此时此刻我尚且不能听懂他们的言语，但是他们愉悦的声音足够让我放心。我左右晃动着自己的小脑袋试图看到他们的样子，可惜只能看到模糊图像。我只好继续通过小耳朵和小鼻子来确认爸爸妈妈的声音和气味。

作者有话说……

刚初生的小宝宝只能完全依赖爸爸妈妈的帮助才能重新熟悉自己、熟悉父母、熟悉新环境。

妈妈的心跳声、爸爸妈妈的声音、胎教音乐，这些声音和旋律同样也会让新出生的宝宝感到熟悉，进而感到安心和被慰藉。"熟悉感"是小宝宝建立健康自恋的基础，而健康自恋又是小宝宝建立自信的基础。

因此，在宝宝出生以后，新手爸妈要尽可能地在宝宝醒着的时候和宝宝说说话、播放胎教音乐、给宝宝唱唱歌。为他们提供稳定的环境，以保持宝宝的熟悉感。

此外，对于新手爸妈来说，感受宝宝身上的熟悉感能够让自己与宝宝建立亲密连接，以及产生心理高峰体验。爸爸妈妈在亲密关系和高峰体验中出现的积极情绪也会让宝宝感到愉悦和安定。如果爸爸妈妈在宝宝出生中感受到的是沮丧、烦恼，宝宝也会感到不悦和不安。所以，新手爸妈在宝宝出生后一起探索新生儿降临带来的喜悦、幸福和创造感，对宝宝乃至整个家庭的成长都有着至关重要的积极意义。

我有天然的生命节律

　　我的身体内有一个天然的钟表，提醒我每天什么时候吃奶，什么时候睡觉，什么时候排便，甚至可以告诉我用什么样的表情来面对爸爸妈妈。大多数情况下，我每天只做两件事——吃和睡。我通常每3～4个小时醒一次，跟妈妈要一点儿奶喝，然后继续睡觉。白天睡觉时我的小眼珠经常在眼皮底下转呀转，医生把我的这种比较轻浅的睡眠称为"快速眼动睡眠"。当然，白天我也会出现深睡眠，只不过比晚上稍少一些。这有助于我逐渐减少白天的睡眠时间，延长晚上的睡眠时间。这样到我6个月大的时候就能连续睡6个小时，甚至整夜睡觉，不再影响大人的睡眠了。当然有时我晚上会哭闹，爸爸妈妈可以轻轻拍拍我，或者在白天多逗逗我，让我白天少睡一会儿，天一黑尽量让我安静下来，慢慢地晚上就会好好睡觉了。

以上属于混合型婴儿的特点。正常婴儿可以简单分为易养型、适应缓慢型、难养型和混合型。

易养型婴儿情绪温和，能很好地适应新事物的变化，睡觉、排便、进食较为规律，遇到不高兴的事情也很少哭闹。

适应缓慢型婴儿虽然对新环境、陌生人以及新食物适应较慢，但是适应之后睡眠、进食、排便、情绪等行为就会恢复稳定状态。

难养型婴儿很难适应新环境，容易感到受挫而哭闹不休，需要父母付出更多的耐心和努力。

混合型婴儿兼具以上三种特点。

和妈妈建立最初的情感

一觉醒来,我发现自己正在一个温暖的怀抱里,一张我认为最美丽的面孔带着微笑看我。我也专注地看着她,尽管看上去模模糊糊的,我还是努力去看着,并从熟悉的心跳中感受温暖、眷恋和深深的爱意。

很快"饥饿感"接踵而至,我本能地蠕动着自己的小嘴,晃动自己的小脑袋,急切地寻找食物。令我失望的是,我并没有马上触碰到属于我的乳房。我噘起小嘴就想哭,幸而还没等我哭起来,妈妈就更换了抱我的姿势,让我马上闻到了浓浓的奶香。我努力地向奶香的方向拱了拱,小嘴很快就触碰到乳头开心地吮吸起来。这是我天生的能力——寻觅食物和吸吮乳房,被医生称作"觅食反射"和"吮吸反射",它们和抓握反射、踏步反射等都是新生儿独有的、"强大"的能力,有助于我更快地适应外部环境。

据医生说我有 27 种特殊的反射,有些反射会在我 3 个月到 1 岁之间慢慢消失,而另外一部分反射,比如眨眼、打哈欠、咳嗽、打喷嚏、在黑暗中的瞳孔反射,则会一直伴随我一生。

我很享受凑在妈妈胸前,尤其是左胸的感觉。一方面,我是在享受初乳带给我的免疫力、视觉、神经、心血管发育的好处;另一方面,我也享受熟悉的心脏跳动所带来的安全感。

所以,亲爱的妈妈在我周岁之前请不要把我交给其他任何人。不论是爷爷奶奶、姥姥姥爷还是保姆，甚至是爸爸。因为在我周岁之前，尤其是前3个月，任何人都无法替代妈妈对我的重要性。当然，为了让妈妈有精力照顾好我，请大家照顾好妈妈的饮食和生活，爸爸还要多陪陪妈妈，千万不要让她生气哦。

悄悄话

我还想和妈妈说一句悄悄话，母乳喂养对妈妈也很有好处，能让您更快恢复健康和产前的体重，而且在几十年后，您发生骨质疏松的概率也远远小于没有母乳喂养的妈妈们。

我一边吃，一边凝视着妈妈的脸，好像怎么都看不够。只是我的小肚子实在装不了太多食物，很快就吃饱了，被妈妈竖着抱起来。突然看不到妈妈的脸让我不安地左右晃动了一下。幸而我马上就感到妈妈轻轻拍打我的后背，让我舒服地打了个奶嗝，带着这种舒适的感觉，我倚着妈妈享受着饱食后的宁静。很快倦意袭来，我打了个小哈欠，伴着妈妈唱的温柔的摇篮曲和熟悉的心跳声，又进入了甜美的梦乡。

作者有话说……

　　婴儿期的宝宝在吃奶时喜欢看着妈妈的脸,这是宝宝与妈妈的连接方式,通过这种连接,宝宝观察妈妈的情绪反应和态度,确认自己是被妈妈接纳和需要的。并因此感到自己是安全、愉悦的。

　　新手爸妈需要注意到的是,在宝宝0~1岁时,夫妻关系暂时让位于亲子关系,以满足以自我为中心的宝宝全然依赖爸妈的需要。这时妈妈的全部注意力都投注给了宝宝,爸爸也要从妈妈的亲密伴侣暂时迅速蜕变为妈妈的育儿助手、心灵按摩师以及家庭事务管理者和调解员。

爱与恨之间

过了几天吃了睡，睡了吃的日子，我的皮肤逐渐展开，变得又白又嫩，晶莹剔透，吹弹可破。就像妈妈说的"宝宝越来越像一个软糯的小团子，好想吃一口"。而且妈妈真的很喜欢轻轻咬我嫩嫩的小手。妈妈咬得一点儿也不疼，反而有一种挺舒服的感觉，从手指一直传到头顶。除此之外，我还喜欢和妈妈做相互凝视、微笑、抱抱、亲亲的游戏。当我的需要不能被满足时，我也会用不同的哭泣来表达自己的情绪和需要。通过这些办法，我和爸爸妈妈初步建立了沟通的渠道。

这些沟通大多时候都很有用，偶尔也会失灵。有效的时候我感到自己很好、很幸福，充满了爱的感觉；失灵的时候我觉得自己非常糟糕，惶恐不安，甚至充满恨的感觉。尤其是当我饿了妈妈没有马上喂我，纸尿裤变得沉甸甸还没有人帮我换一条干爽的……妈妈情绪低落或者生气的时候，我会因害怕被抛弃而变得惶恐不安并充满愤恨，甚至想攻击让我烦恼的任何对象。我的小心思就是这么非黑即白，忽而晴空万里，忽而电闪雷鸣。

幸而，多数时候我觉得自己有能力从妈妈温柔的拥抱和爸爸温暖的笑容中获得爱。妈妈还喜欢温柔地为我念美好的诗歌，轻轻地唱歌给我听。爸爸则喜欢用醇厚的声音不厌其烦地对我说："我是爸爸，你是我最好的宝贝。"说实话现在我还不明白爸爸妈妈说的意思，但是我可以从他们的言行和情绪里感受到他们对我美好的期盼，这让我感到愉悦和美好。

现在,我熟悉了这个能听到妈妈熟悉心跳、轻柔话语,爸爸醇厚嗓音和爽朗笑声,还能吃到香甜奶汁的地方。这种熟悉感让我再次有种回到子宫的感觉,让我渐渐远离不安,重获安心和喜悦。

" 作者有话说……

在宝宝刚刚出生的几个月,只有全好或全坏、爱和恨的分裂心理模式。当宝宝感觉沐浴在爱中,就会觉得自己爱上了妈妈,并对妈妈心怀感激;当宝宝感觉不适、痛苦、烦恼,就会感到被抛弃、被憎恨,厌恶妈妈,出现报复性幻想。幸好婴儿与生俱来的全能感和健康自恋,让宝宝相信自己具有把坏妈妈变回好妈妈,重获妈妈爱的能力。宝宝破坏性的焦虑通过这种自我修复而减轻,自信也就与日俱增。

我是家里的新成员

谁知 3 天之后一觉醒来，我又置身一个陌生的地方。虽然我听到了爸爸妈妈带着喜悦对我说："欢迎回家，我们家的新成员！"但这个完全陌生的环境还是让我感到烦躁。即使有些饿，我还是拒绝在这里吃奶，并尝试着逃到睡眠中，假装自己还在之前那个自己熟悉的地方。

妈妈对我的行为感到非常困惑——明明到了该吃奶的时间，为什么我一反常态闭着小眼睛睡觉。她只能耐心地轻轻晃动我，柔柔地跟我说话，试图把我弄醒。不安和烦恼让我拒绝呼应妈妈，继续沉浸在自己的世界里。妈妈只能无奈地把我放到床上任我沉睡。

❝ 作者有话说……

新生儿对环境、妈妈的言行和情绪反应十分敏感。家对于爸爸妈妈来说是熟悉的地方，然而对宝宝来说却是陌生的，这会让敏感的宝宝感到不安，快速切换为不悦情绪。有时新生宝宝还会用睡眠来逃离严重的不愉快。

此外，这时妈妈奶水也比最初两天更加浓稠、甜美，可是这种气味和味道的变化对宝宝来说同样是陌生的，宝宝有可能因为疑惑、不安而拒绝吃奶，也有可能因为不安而哭闹不休。

需要被安抚的宝贝

出乎妈妈的意料,我一接触到床就伸开小胳膊、小腿,手指也绷了起来,背部拉直,头后仰又迅速收回。这是一种被医生称为"惊跳反射"的新生儿反射。这是我对自己被独自放在陌生床上的本能反应。

尽管妈妈并不知道我怎么了,看到我的反应,还是马上温柔地抱起了我,轻轻地抚摸我略显僵硬的身体。感受到妈妈温柔的臂弯,闻到独属于妈妈的气味和心跳,熟悉的感觉让我有少许释怀,我的身体再次变得柔软。

最终,还是好闻的奶香唤醒了我。我舞动着小手,自然地碰到了妈妈的衣角,抓紧那片熟悉的衣角,我瞬间感到自己被治愈了,一头扎进妈妈怀里,享受独属于我的食物、安全和愉悦。

"

作者有话说……

新生儿内心遵从的是非黑即白、熟悉、快乐三原则,因此宝宝需要妈妈及时给予身体和情绪的抚慰。宝宝愿意在妈妈的抚慰下安定下来适应新的环境,这是宝宝提升环境适应力的开端。如果妈妈无法给予宝宝及时反应,宝宝会在相当长的一段时间里感到不安,甚至有可能延续到青春期,乃至终生。

和妈妈紧密连接在一起

几天之后,在妈妈的温柔呵护下,我终于意识到这个被爸爸妈妈称之为"家"的地方是安全的,我也是这个家里重要的新成员。我不太明白这个新成员是什么意思,本能地认为家是一个整体,我就是这个整体的中心。当我想要吃时就会有香甜的奶汁;想要睡时就有暖暖的被窝;想要有人陪伴时就会有人在我身边;尿了、不舒服了就可以用哭声把爸爸妈妈叫过来为我换尿片,为我揉肚子,亲吻我。

❝ 作者有话说……

新生儿从出生到3个月大,处于一个完全以自我为中心的自恋阶段。多数宝宝会把自己和妈妈当作一体。当妈妈及时对宝宝的需要作出反馈,宝宝就会感到愉快,认为自己是好的;如果妈妈不能经常对宝宝的需要作出及时反馈,宝宝就会误以为自己是不好的。所以,新生儿需要妈妈在第一时间对其情绪、需要作出反馈。这样宝宝才能形成健康自恋的状态,并将其逐渐发展为自信。

健康自闭是我成长中的小插曲

我已经出生 1 周了，因为还在学习熟悉爸爸妈妈和家，任何风吹草动仍会让我感到困惑、不安和焦躁。

妈妈的身体恢复得不错，不会总在床上陪着我，有时会趁我睡着到其他房间做一些事情。大概今天睡眠时间有些短，醒来的时候我发现妈妈没在身边，便将自己藏进妈妈还在身边的幻想里，自娱自乐了一会儿，却没有如自己的期待等到妈妈，这让我感到有些不适。我先是使劲儿挥舞手脚，接着开始哼哼唧唧。当所有努力和不满情绪都没有得到回应时，我只能不悦地沉浸在自己的世界里，自顾自地沉沉睡去，以避免陌生的世界带给我压力。

> **作者有话说……**

在出生后的 2～4 周，新生儿处于被心理学家称为"正常的自闭"阶段。当宝宝的自恋得不到满足时，容易自我封闭或心怀怨恨，以抵御自恋受损带来的伤害，这是宝宝的一种正常心理免疫调节机制。妈妈只需要及时回应宝宝的需要就能呵护他们脆弱的心灵，使他们逐渐走出自闭。伸出自己的小触角，一点点探索周围的世界。

小知识

爸爸妈妈应该了解一些关于新生儿生理、心理的知识,有助于减少初为父母的焦虑,感受养育的快乐。

生理知识:在宝宝出生后的前两周,每分钟呼吸为 40～50 次,脉搏为 120～140 次;正常体重为 3000～4000 克,低于 2500 克属于未成熟儿,需要特殊照顾;体温为 37～37.4℃;每天睡眠长达 20 小时,每 2～4 个小时进食一次;出生后有觅食、吸吮、迈步等新生儿反射;出生后 3～7 天听觉逐渐增强,听见响声可引起眨眼等动作。

心理知识:新生儿心理处于正常自闭阶段,需要爸爸妈妈,尤其是妈妈全身心的关照和及时反馈,以帮助宝宝尽快从出生创伤反应中挣脱出来,并建立健康自恋。

成长的烦恼

随着我一天天长大,爸爸妈妈因我的到来而产生的喜悦渐渐退去,因 24 小时照顾我而产生的疲惫、烦恼、忧虑却与日俱增。我的哭声也总让他们感到烦躁,常常因为这些烦恼而忘记最初对我的喜爱和接纳。

这时,他们恍然发现我的哭泣和发出的任何声音都是陌生的。我的哭泣就像一种黑魔法,常常让他们感到无措和失望。在他们弄懂我用哭泣说什么之前,哭声已经让他们除了烦恼还是烦恼。妈妈甚至频繁地对爸爸说:"一听到宝宝的哭声,我就特别受不了。"

今天,当我哭起来时,妈妈带着一脸"真受不了你"的表情抱起了我。先看看我的尿不湿,又摸摸我的小肚子和小手小脚,困惑地对爸爸说:"她也不饿呀,也没有尿,手脚也是暖暖的。"我的傻妈妈,我是肚子不舒服,你怎么不明白呢。我只能更大声地哭,哭得声嘶力竭。妈妈只能无奈地抱着我晃来晃去,爸爸在我面前用各种小玩具逗弄着我,然而这些根本没有用。

悄悄话

对我而言，哭泣是我现阶段唯一的语言，除此之外，小小的我也没有其他的交流方式。刚刚从妈妈温暖的子宫里出来，适应新的环境对我来说真的是一个很大的挑战，任何风吹草动都会让我感到不安，我也常常因害怕、烦躁、身体产生的各种不舒服而哭泣。

我也很无奈，我的肚子很不舒服，你们两个人谁都不明白。居然还傻乎乎地说："别哭了，快别哭了，你看爸爸都给你耍猴了，你还哭。"耍什么也没有用，有这个时间，还不如给我揉揉小肚子呢。不哭不足以表达我如滔滔江水般的烦恼。所幸爸爸妈妈在手忙脚乱了好一阵子之后，终于想起来帮我揉肚子，温暖的手掌轻揉着，让我舒服了许多，终于可以让自己歇一歇了。

哭得好累啊，睡一觉吧！

❝ 作者有话说……

对新生儿来说，哭泣是唯一的语言。爸爸妈妈只有熟悉宝宝各种不同的哭泣才能及时满足他们的需要，强化宝宝对自己和对父母的信心。有助于小宝宝在生命最初 3 个月开始探索自己的第一笔"心灵财富"——情绪免疫力。

情绪免疫力包括三个方面：健康自恋能力、情绪调节能力和对爸爸妈妈的安全依恋能力。健康自恋让宝宝相信自己具有免受外来伤害的能力；情绪调节能力让宝宝不容易被负面情绪伤害；安全依恋能力让宝宝信赖他人及减少分离焦虑。

此外，爸爸妈妈还要了解一件事：因为新生儿消化系统发育不完善，很容易出现肠道蠕动异常，而导致肠痉挛骤然发生。因此，腹痛是宝宝的常见症状，出现这种状况，妈妈用温暖的手帮助宝宝揉肚子通常是有效的。

用本能探索世界的宝宝

我被饥肠辘辘的小肚子唤醒了,但是妈妈还在睡觉,她没有发现我正在寻觅熟悉的奶头。我本能地感到不愉快,从抽噎到大声哭泣,最后变成尖利的大哭,把小脸都憋红了。当我哭得精疲力尽、上气不接下气时,妈妈终于被我的哭声唤醒。她抱起我缓慢而轻柔地摇动,轻声为我哼唱一首熟悉的儿歌,这熟悉的歌曲让我感到放松,饥饿感更强烈地涌上来,我拱进妈妈的怀里,找到熟悉的食物来源,大口地吸吮着甘甜的乳汁。随着乳汁流过我的喉咙,全身都放松下来。我喜欢这种满足和放松的感觉,因而对妈妈的回应和温暖的怀抱心存感激。

" ## 作者有话说……

未满月的宝宝依靠本能调节自己的情绪和行为。当进食、温暖、干燥、情感等需求被满足时,宝宝就会感到放松。当需要不能被满足时,宝宝就会感到有压力、紧张、不愉快。

婴儿期心理放松的宝宝和爸爸妈妈的互动更有活力,长大后也更富有好奇心和创造力,拥有更强的学习力和社会交往能力;而心理紧张的宝宝则更容易哭闹、自闭,长大后容易情绪不稳定,做事容易纠结,甚至形成具有破坏力的人格特质。因此,在这个阶段妈妈要完全接纳宝宝的一切,给宝宝及时的反馈和保护。

和爸爸妈妈建立最初的沟通方式

经过 1 个多月的共同生活,爸爸妈妈和我之间越来越熟悉。他们逐渐意识到哭是我的表达方式,多数情况下我哭泣并非因为生病、生气,更不是我乱发脾气。

他们发现我饿了会哭、冷了会哭、热了会哭、尿了会哭、肚子疼了会哭、不开心了也会哭,困了、发烧、痛、痒、害怕、撒娇……各种情况下都会哭。

在吃饱、睡好、环境温度为 25～30℃时,我才会减少哭泣。即使我不饿,喂奶也可以让我安静下来,这是因为我和妈妈有了接触。妈妈轻轻地晃动我,让我很舒服,同样也可以让我安静。除此之外,各种温和的摇篮曲、熟悉的胎教音乐也能让我减少哭泣。我很幸运,妈妈唱歌很好听,还喜欢抱着我轻轻晃动,亲吻我的脸颊,低声给我唱歌:"睡吧,睡吧,我亲爱的宝贝……"随着妈妈哼唱的《摇篮曲》,我常常会在不知不觉中睡着。

随着时间的推移,爸爸妈妈渐渐了解我通过哭泣在跟他们说什么。他们明白当我感到饿时,哭泣会从有节奏的小声呜咽开始,只有在得不到回应时哭声才会慢慢变大,直到大哭;我生气发脾气时,哭声音调很高,没有节奏,让人感觉很凌乱;在我感到身体不舒服时,我会哭得声嘶力竭,如果得不到有效的帮助,我就会一直哭,直到把自己的嗓子哭哑;如果谁不小心弄疼了我,我就会突然高声大哭,声调尖利刺耳;如果我因为一些小小的烦恼感到不愉快而哭泣时,常常断断续续哭两三声，停一停接着再哭三两声。

妈妈说我这是在撒娇，就是一个"黏人精"，我不知道什么是"黏人精"，只知道我需要妈妈随时随地和我在一起。我想吃奶就有奶吃，我尿了马上给我换尿布，我身体不舒服马上给我温柔的抚慰，我想见妈妈时一睁眼就能看到，我想要抱抱时妈妈的臂弯就会给我一个位置。妈妈对爸爸说，我这么黏着她让她感到幸福，也感到疲惫和无奈。爸爸听到妈妈的抱怨，并没有说什么，只是温柔地给了妈妈一个拥抱，顺手也把我接了过去。

我吃着小手躺在爸爸坚实的怀抱里，使劲儿拱了一下，没有奶，不开心。左右晃动一下小脑袋，挥挥小手，蹬蹬小腿，感觉挺舒服，挺温暖，没有奶也还不错，凑合躺在这里吧。妈妈笑着说："看上去宝宝在你那里也挺好。"爸爸说："当然，我是她爸爸，天天抱着她，她还能不知道吗？我们宝宝可聪明了。"尽管我并不能听懂他们的对话，但是爸爸妈妈尤其是妈妈的声音让我很舒心。还有他们跟我说话会用手拍我、抚摸我、逗我玩，都能让我感到愉快、安心和满足。我炯炯有神地看着他们，用眼睛对他们说："继续和我玩吧，我亲爱的爸爸妈妈。"爸爸用他的大手抚摸着我幼嫩的脸颊，轻声和我说："漂亮宝贝，爸爸的漂亮宝贝。"我左右晃动了一下小脑袋，温柔地回应着爸爸，我们就这样玩到了一起。可惜我太小，容易犯困，用不了多久我又进入了甜甜的梦乡。

尽管婴儿每天的睡眠时间长达 16～20 个小时，但是睡眠时间并不固定。多数宝宝每 4 个小时左右就会醒一次，少数宝宝每 2 小时就会醒来一次。宝宝会用层出不穷的需要黏着爸爸妈妈，让新手爸妈感到疲惫和无奈，消磨掉他们对宝宝出生的喜悦。

因此，在这个阶段新手爸妈常常会出现情绪波动，亟须一些外援帮助，以保证他们有精力在养育孩子的过程中发现新的喜悦和乐趣，保持和宝宝良好的亲子互动，维护好宝宝脆弱的心灵。爷爷奶奶、姥姥姥爷、月嫂、月子中心等都是可以考虑的外援。

妈妈和我心心相依

不知睡了多久，从睡梦中醒来，我本能地发现妈妈不开心，并因此哭了起来。这个时候我还弄不清楚我和妈妈是不同的个体，小小的我误以为妈妈和自己是一体的。会把妈妈的情感误以为是自己的，妈妈的任何不愉快都会传递给我。

也许是意识到我的不安，妈妈很快抱起了我，我感到满足，感觉自己又被爱了。被爱的感觉让我感到安全，我马上停止了哭泣。

这几天，妈妈似乎情绪不太好，爸爸说妈妈处于"babyblue"阶段。我不知道这是什么意思，但我注意到妈妈给我的关照明显少了许多。她总说我的哭叫让她心烦。可是我真想告诉她，我的哭叫是在跟她说话，也是在锻炼肺部功能，让它更强大，这样我才能成为强大的宝宝。

妈妈的抱怨让我感到很无助。

这时我尿了，大声哭喊，可是没有人注意到我。这让我感到自己被忽视，非常受挫。我瞪着妈妈，而她不知道是没看见还是视而不见，根本不理会我。我开始怀疑自己，却什么也做不了，只能闭上了眼睛，试图让自己睡着。还好爸爸很善于使用言语安慰、陪伴、音乐、按摩等方法尽可能地帮助妈妈尽快平复情绪。当妈妈烦躁的情绪渐渐平复下来，终于听到了我的呼唤。妈妈抱起我，我很快又感到了安全、温暖和满足，我又相信自己、妈妈、爸爸和周围的世界了。

我想我还可以试着更多地依赖爸爸妈妈。

我不知道的是，在我睡着的时候，爸爸一边帮妈妈做好吃的，一边陪她做产后韵律操。是爸爸的关怀让妈妈更快摆脱坏情绪的困扰。妈妈有了好心情，就会看到我的可爱，愿意和我有更多互动，及时回应我的需要。和妈妈建立安全的依恋关系，能让我相信自己有能力获得爱，妈妈和爸爸是值得信赖的，世界也是值得信赖的。这样我身体里的压力激素会很低，认知、语言水平和学习能力都会提高，从而会变得更活泼、更聪明。而且，在青春期后出现学习、情绪和心理问题的概率也会降低。

悄悄话

爸爸爱妈妈，妈妈爱爸爸，爸爸妈妈一起爱宝宝，宝宝也爱爸爸妈妈，我想这样幸福的童年就是我好运的开始。

妈妈不仅是一个新的头衔，成为妈妈也意味着自己的身体和生活状态发生了突然和巨大的变化，这让妈妈与宝宝的相遇充满了不确定性。

此外，伴发着生育的身体疼痛，雌激素、孕激素、黄体酮、内啡肽等激素的快速变化，妈妈的性格会变得敏感和脆弱，新手妈妈常常被忧虑、疲劳和焦虑淹没。

因此，很多妈妈在宝宝出生后的 2～4 周面临俗称"babyblue"的轻度抑郁状态。与此同时，宝宝也会给妈妈带来快乐。所以，近 80%受产后抑郁影响的妈妈会在产后 8 周内随着身体状况的改善和在家人的帮助下恢复正常的情绪状态。而那些患上产后抑郁症的妈妈就需要求助心理医生，做专业的心理治疗了。

与我对话，让我变得更可爱、更聪明

我现在还没有达到颜值巅峰，但在爸爸妈妈眼里我就是最可爱的宝宝。与出生时相比，我更加珠圆玉润，眼睛更加黑亮有神。此时，我的表现已经不再像初生时那么单调，变得更加有趣。我已经学会运用自己的小表情，包括哭声在内的各种小声音，还有各种肢体动作和爸爸妈妈"说话"了。

了解我的这些"婴语"，爸爸妈妈就能知道我的内心世界多么丰富多彩，会由衷爱上我，而我也会因为你们的爱而更爱你们。当我们用爱建起沟通的桥梁，爸爸妈妈就不会认为照顾我是一种负担，也不会因此而感到烦躁、情绪低落、疲劳了。而我也会因为爱而变得更聪明、更活泼、情绪更稳定、更少哭闹。

现在来说说我的一些"婴语"吧，主要是区分不同哭声的含义。对此爸爸妈妈已经了解很多了，多数情况下也能做出及时反馈，不过随着我月龄的增长爸爸妈妈还需要继续探索我的哭声中所表达的更多不同的信息。此外，我的表情、动作也日渐丰富，你们也可以通过观察我的不同表情和小动作来了解我的"婴言婴语"。

我在出生后的第 1 个月，大部分时间处于睡眠状态，有时睡得很平稳，呼吸平稳规律，手脚很少动；有时呼吸会变快，手脚偶尔会动，甚至会面露微笑，眼睛微睁，这时我处于活动性睡眠状态，可不要认为我已经醒了，其实我还在睡觉，这时也许我在做美梦呢；而有时我目光迷离，眼睛半睁，如果在此之前我已经睡了 2～4 个小时，那就意味着我即将醒来，马上就可以愉快地玩耍了；如果是我已经玩了好半天了或者饱餐之后，那就意味着我此时想睡觉了。

当我炯炯有神看人的时候，意味着我很清醒，想和妈妈爸爸说话或玩耍；如果我睁着眼睛动着小嘴，东张西望找妈妈，把手指或者任何类似奶头的东西放在嘴边就会试图吸吮，意味着我饿了；如果我吃了一会儿奶之后把奶头推开或小嘴离开奶头，让自己全身变得软软糯糯的，意味着我已经吃饱了，即使您认为我还没吃够，也不要让我再吃了；如果我动作很多，发出哼哼唧唧的声音，甚至哭闹，意味着我希望得到爸爸妈妈的抚慰，可以摇摇我、拍拍我、轻抚我的后背，用轻柔有节奏的声音哄我，那样我就会安静下来；如果我张着小嘴打哈欠，意味着我困了，可以把我放在小床上，让我安静地睡觉。

当你们了解了这些，就会发现我真的就是可爱的"黏人精"。我喜欢沉浸在爸爸妈妈的声音和怀抱里，也喜欢你们用手抚摸我。即使我没有哭、没有闹，我也需要全然的爱、全然的保护和关注。拥抱、抚触和其他身体接触对我就像食物一样重要。没有食物我的胃会饥饿，没有拥抱我的皮肤同样会感到"饥饿"。肚子饿我的身体会营养不良，而皮肤饥饿则会让我的心理"营养不良"。

这时候我的大脑容量大概只有成人的 1/3，为了长大成人，在接下来的 3 年里我的大脑将快速成长，所以除了天生的部分还要通过爸爸妈妈的爱来塑造。多跟我说话，多跟我互动，多给我美好的微笑。

有人会说小孩子不要抱，抱多了就放不下了。

才不是呢，有些大宝宝还总要抱是因为感到不安全而不是被惯坏了。作为 3 个月以内的小宝宝就更喜欢父母熟悉的怀抱了。爸爸妈妈抱着我的时候，我感到的是满满的平静、温暖和安全。也许有人会说"你看不抱的孩子睡得多踏实"，我要抗议这种说法，那不是睡得踏实，那是小宝宝被吓得缩在自己的世界里不敢出来。爸爸妈妈总是不抱宝宝，宝宝会害怕这个陌生的世界。要知道当小宝宝害怕时不仅仅会哭闹，还常会出现"呆住"和"躲进睡眠里"两种状况。那些所谓的乖宝宝有一部分就是呆住了，他们一点儿也没有我可爱。

幸好我的妈妈和爸爸很喜欢抱我，抱我的时候还很喜欢和我说话、唱歌。我最喜欢听着妈妈哼唱着《摇篮曲》睡觉了。妈妈用轻柔的声音唱着"温柔月光轻轻洒进来，照在床上我的小宝贝……"或者爸爸用醇厚的声音低吟"星星月亮轻轻对你说，小宝贝快入睡……"，对我来说都是一种莫大的享受。每次歌声响起我会很快入睡，而且我的潜意识会继续听，这些歌声会在我的梦乡里帮我编织美丽的梦境。所以，在妈妈和爸爸的精心呵护下我经常会在梦中露出甜甜的微笑。

　　父母与孩子之间的连接是一种适应机制，能保证父母对无助的婴儿投入大量的精力和资源。宝宝接触妈妈温暖的身体，能够促进母亲与婴儿之间的情感连接，这种连接不仅让宝宝感到愉悦，也可以让妈妈产生创造和愉悦的感觉。这种愉悦的互动不仅对宝宝来说是一种幸福，也有助于妈妈的身心快速恢复到生育前的状态。此外，为了加强宝宝健康自恋和为母婴分离做好准备，每天除了妈妈，爸爸也需要积极参与到养育宝宝的过程中。

　　特别提醒：虽然小宝宝这时还听不懂父母说的话，但爸爸妈妈仍然要在宝宝出生后，经常跟他们说话，给他们唱歌、读故事、念诗歌，以帮助宝宝在爸爸妈妈缓慢、温柔、重复的声音中学习语言，促进宝宝的认知和大脑神经系统更好发育。

婴儿抚触：一种爱的连接

除了爸爸妈妈每天抱我，我还很喜欢妈妈为我做"婴儿抚触"。这种舒服的触摸和情感互动，能够最大程度地让我和妈妈产生爱的连接。

在做婴儿抚触时，妈妈会把房间温度调得暖暖的，播放《莫扎特弦乐小夜曲》《春江花月夜》等耳熟能详的胎教乐曲。然后脱掉我的衣服，把我放在软软的垫子上，笑着对我说："宝宝我们来做一个游戏好不好？伸伸胳膊、蹬蹬腿，小宝贝的抚触要开始了！"我舞动着小手小脚热情地回应妈妈。妈妈用搓得暖暖的手从我的前额中心用双手拇指向外推，划出一个微笑，又在我的眉头、眼窝、人中、下巴同样用双手拇指向外推出一个微笑的样子。

和妈妈的接触让我感到愉悦，我舒服地眯起小眼睛笑着摆动四肢回应妈妈，妈妈也温柔地亲了亲我的小手来回应我，我会更加开心地用力蹬腿呼应妈妈，快乐在我们之间泛起涟漪。妈妈愈发快乐地用双手从我的小胸脯向两侧推按；之后围绕着我的小肚脐在小肚子上按顺时针方向按摩。

妈妈一边按摩还一边微笑着对我说："宝宝，妈妈爱你。"我就用微笑回应妈妈，好像在说："妈妈，我也爱你呀！"妈妈和我因为彼此的回应内心感到宁静与温暖，我们满心满眼都只有彼此。我心花怒放，我想妈妈也和我一样。

在这种美好的互动中，妈妈给我翻了个身，双手平放在我的背上，从我的小脖子向下沿着脊柱两侧轻柔地按摩，从我的尾椎沿脊柱两侧用双手拇指和食指指腹把我脊柱两侧的皮轻轻捏起来,边提捏边向前推进到我的后脑勺下边。按摩3遍之后,我的后背变得越来越暖,小肚子也变得暖暖的,我甚至能感受到能量在全身流动。

接着妈妈再次给我翻个身,轻轻地从上向下捏我的小肩膀、小胳膊、小手。我感到自己的小胳膊、小手都舒服极了。妈妈又轻轻挤捏我的大腿、小腿和脚踝;然后用双手夹住我的小肉腿,上下搓滚了几遍;最后是揉搓、按摩我的小肉脚。

我特别喜欢这种互动方式,每次按摩都会感到自己和妈妈融为一体,全身上下都是暖洋洋的,安全、舒适、宁静的感觉充满了我。

有的人说要找专业人士做抚触,我才不要呢,我要的就是和妈妈在一起的感觉,并不需要什么专业的抚触。如果爸爸妈妈让别人为我抚触,我会感到迷惑的。幸好他们知道婴儿抚触重要的是爱的连接,从不委托他人,而是反复向医生、护士求教,以求自己把抚触做好。当然,爸爸妈妈也知道婴儿抚触只是对健康宝宝的保健按摩和心理连接,如果我生病需要推拿治疗时还是会带我去医院,而不是只依赖于抚触。

皮肤是人体接触外界刺激的最大感觉器官,触觉是宝宝和爸爸妈妈建立连接的重要渠道。通过婴儿抚触可以刺激宝宝大脑产生更多后叶催产素,帮助宝宝获得安全感和对爸爸妈妈的信任感,也可以减少婴儿哭闹。同时,婴儿抚触还可以让宝宝的脑细胞和神经系统获得适宜的刺激,促进婴儿身体生长和智力发育,增强免疫力,促进消化和吸收。经常接受婴儿抚触的宝宝在未来会更乐于沟通,善于学习,容易与他人建立良好的人际关系。

安全有效的婴儿抚触需要注意以下几个方面。

1. 因为抚触时需要脱掉宝宝的衣服，房间温度要保持在 25℃左右。

2. 抚触是母婴之间全身心的连接，要确保 15 分钟内不受干扰。

3. 在抚触之前准备好毛巾、尿布和替换衣物，以便在结束后尽快为宝宝穿好衣物。

4. 为了防止宝宝在抚触中受伤，抚触之前妈妈或爸爸要去掉手上和腕部全部装饰物（手表、戒指、指甲装饰物等），将手搓热，将一些婴儿润肤油倒在手上，注意不要把润肤油滴到宝宝眼睛里，避开宝宝囟门位置。注意宝宝脊柱和颈部安全，也不要在宝宝关节部位施力。

5. 宝宝出现皮肤破损、湿疹、感冒等健康问题时要暂停抚触。

6. 从婴儿脐带脱落到 1 岁，坚持每周 2～4 次，从每次 5 分钟开始，逐渐增加至每次 15 分钟。

7. 抚触最好由妈妈开始，3 个月之后逐渐增加爸爸参与的时间，以便更好地促进亲子关系。

8. 抚触以做完后孩子皮肤微红为度，如果孩子皮肤不变色则说明力度不够，做两三下皮肤就红了说明力度太大。

9. 不必非要从头到脚，面面俱到。抚触要重点关注宝宝喜好的部位。

1～3个月的宝宝心身成长都很快,宝宝充满好奇地探索世界,练习各种肢体动作,并开始有意识地取悦爸爸妈妈,建立最初的人际关系。

是我发现了世界,还是世界发现了我

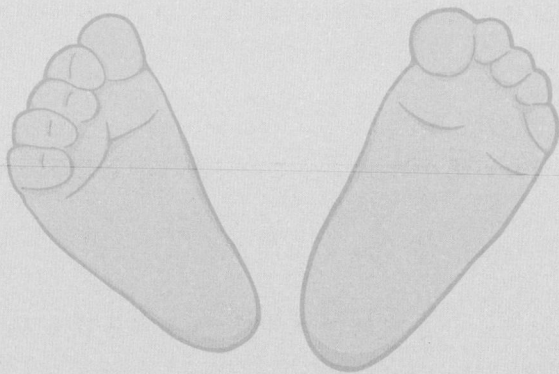

接触自然，获得生命的能量

我已经 1 个月了，和刚刚出生相比，更加壮实、圆润、可爱，心理也没有那么脆弱了。我能够更好地适应环境，不再像之前那样，常常以闭眼睡觉来避免不安。

妈妈的身体各项指标开始渐渐恢复正常，每天推着婴儿车带我到小区花园里散步。我可喜欢这种在妈妈的陪伴下，太阳照在身上暖洋洋的感觉了。虽然我对世界一无所知，也弄不清楚妈妈对我说的是什么，我还是会在妈妈说"小鸟飞过去了，红色的花开了，青草的香气让我感到很舒服，宝宝舒服不舒服啊"时用力蹬蹬小腿，挥挥小胳膊，用实际行动向妈妈表示我很舒服。

外边的一切虽然陌生，可是有妈妈在我耳边喁喁细语，小鸟叽叽喳喳的叫声、微风吹过树叶的沙沙声、远处传来的人声，一切就变得如此美妙。我美美地笑了起来，晃动小脑袋企图左顾右盼，以便让自己看到更多不同的美景。我意识到自己的世界从一间小小的屋子，正向更广阔的领域拓展。我带着好奇、迷惑，试图去发现真实的世界。而妈妈则宣称要让世界发现我是她和爸爸独一无二的宝贝。那么是我发现世界，还是世界发现我，这真是一个问题呢。

当然，现在我还是一个小宝宝，需要到 12 年后才有能力真正开始思考和探索这个问题，甚至要到 40 年后才能获得这个问题的答案。现在我只需要在妈妈的怀抱中尽情撒欢。妈妈温柔的眼神，温暖的怀抱，轻柔的话语，像水一样滋养着我，像太阳一样照耀着我，给我一点点能量。这些能量赋予我力量、信心、勇气和智慧。

❝ 作者有话说……

爸爸妈妈多带着宝宝和大自然接触，不仅可以促进宝宝的身体健康还有助于心智的成长。如果宝宝足够健康能够适应外界环境，爸爸可以每天适当带宝宝出去转转。当妈妈身体恢复得差不多了，就可以每天抱着宝宝或者用童车推着宝宝到外面晒晒太阳。室外活动能够让宝宝感受不同的环境，同时增加亲子互动，更好提升宝宝的适应性和创造力。

在积极的"对话"中成长

在"太阳当空照,花儿对我笑"的歌声中,我感受着快乐。当妈妈拿着摇铃逗着躺在婴儿车里的我时,我会随着铃声兴奋得手舞足蹈。

妈妈把色彩艳丽的摇铃放到我手上,我瞪大眼睛,开心地发出"啊……"的声音,并试图抓住摇铃。可惜我的小手还不能自己张开,只能触碰摇铃。即便如此,我也觉得自己很了不起。当妈妈把摇铃拿开,我带着兴奋和喜悦,摇摆着自己的小脑袋继续寻找这个让我快乐的声音来源。

妈妈一边继续摇着铃铛,一边问我:"宝宝要铃铛?"我舞动自己的四肢,呼应妈妈的询问,如果我会说话,一定会说:"要……"妈妈把铃铛放在我的手心里,我收拢自己的手指,可惜它们太柔弱了,我不能很好地控制它们。不过没有关系,我依然可以和妈妈快乐地玩耍。

❝ 作者有话说……

妈妈的积极情绪和情感直接促进宝宝的认知、行为的发展。1个月的宝宝在有人逗的时候,会用全身动作和声音回应对方,愉悦时还会无意识地微笑。3个月之前的宝宝小手还不能主动张开,但把物品放到宝宝掌心,宝宝可以握住。触摸各种不同的物品可以促进宝宝对世界的认知发展。另外,这时宝宝已经能够区分说话的声音和其他声音,也会在反复聆听中领悟语言的含义。

自恋的宝宝

在回家的路上，我就已经带着微笑沉沉地进入了梦乡。当我从甜蜜梦乡中醒来时，为了吸引妈妈的注意，努力地发出"啊……"的声音。

现在我的小脖子仍旧是软软的，不能抬起来，但是我会努力地扭动着小脑袋寻找妈妈。我的努力很快得到了妈妈的回应，妈妈俯下身对我微笑。虽然我不太能看清楚妈妈的脸，但就是喜欢盯着看。

妈妈似乎被我取悦了，她一边笑着一边有节奏地拍打着我的小手，我感觉很新奇，看一下妈妈，又看一下自己的小手。努力向妈妈表达着"很好玩，我还要玩"的想法。妈妈和我心有灵犀，给我翻了个身，把我脸朝下放在床上，我努力地抬起小脑袋，可是一下子又趴在了那里。妈妈坏坏地笑着，在旁边看着我，我只能努力继续挺胸抬头。可是这个动作对我来说还是太难了，我的努力以失败告终。这时妈妈才笑着帮我翻过来，还亲了亲我的小脸蛋儿、小手还有小脚丫。

这时，爸爸正好进门，他一边换衣服，一边跟妈妈说："今天我同事说可以让宝宝趴着睡觉，宝宝会感到更舒服。"妈妈听后马上收起玩心，严肃地对爸爸说："不可以，小宝宝只能仰躺。宝宝的身体太软了，如果趴着睡觉，可能导致窒息。"他们就着这个问题讨论了几句，然后两个人开始亲密起来，似乎都忘了我。

"不！妈妈是我的。"我努力踢着小腿，试图发出声音提醒妈妈"你的宝宝在这里!"可是她根本没有注意到我。我感到非常生气,使尽全身力气去抓妈妈,可是小胳膊实在是不受控制,而且我这么可爱的宝宝怎么能够去伤害如此爱我的妈妈呢。我的行为终于被爸爸发现了,他轻柔地抱起我,和我玩起了亲亲游戏。

好吧!好吧!原谅你们了。

❝ 作者有话说……

0～3个月的宝宝完全以自我为中心,把妈妈当作自身的一部分,如果妈妈和宝宝有良好互动,宝宝就会感到快乐,形成乐观自信的个性。而妈妈不能及时回应宝宝,宝宝就会感到受挫,产生愤怒、忧虑、沮丧、攻击冲动等负面情感,甚至绝望以及毁灭性的焦虑。不过宝宝一般可以用婴儿独特的自恋来消除攻击冲动造成的痛苦。然而,若妈妈经常不能回应宝宝的需要,让宝宝失去自我修复能力,造成宝宝自恋受损,在未来就容易形成贪婪、完美主义、过度慷慨或吝啬、烦躁、没有耐心的性格特点。

婴儿被动操:让我的身体更健康

在我出生之前,爸爸妈妈就学习了各种育儿知识和技能。现在他们又学会了一项新技能——"婴儿被动操"。每天晚上等我吃完奶半小时之后,妈妈或者爸爸就会把我放在一个铺着被子的木桌上,一边放着我熟悉的胎教音乐,一边拉着我的小胳膊小腿做操。为了让我感到舒服,他们的动作特别轻柔。

像我这么大宝宝做的婴儿被动操特别简单,一共只有三个动作。

第一个动作是屈腿运动:用两手握住我的脚腕,拉直我的双腿,然后让我的两条腿弯曲,尽量靠近肚子,重复3次。

第二个动作是俯卧运动:帮我翻身俯卧,两只胳膊拉伸向前,用铃铛引诱我抬头半分钟,这个动作可累了,不过有好玩的玩具,我还是可以多坚持一下的。

第三个动作是扩胸运动:让我仰卧,握住我的手腕,大拇指放在我的手心里,让我自然握住,然后把我的两臂左右分开,再让两臂在胸前交叉,最后把我的小胳膊放到身体两侧,连续做3次。

我可喜欢这个游戏了,每天晚上吃完奶我就盼着做。这个游戏能让我的身体变得更强壮,还能看到仰躺时看不到的东西。而且每次游戏时,爸爸妈妈特别喜欢跟我说话,比如"拉拉小胳膊""握住妈妈的手指""宝宝变得更强壮、更健康"……让我更好地和爸爸妈妈发生心与心的连接,我觉得自己就像一个无所不能的"超人"。

❝ 作者有话说……

　　婴儿被动操分为适用于1～6个月婴儿的和6～12个月婴儿的。每天做可以使宝宝的动作发育更快,协调性更好,还可以促进宝宝的思维能力。做操时伴着音乐可以促进宝宝左右脑的平衡发展。婴儿被动操由3～8个动作组成,每个动作做3～8次,以宝宝微微出汗为度。

　　做操时如果宝宝出现情绪低落、出汗过多、面色不佳的情况,就要及时停止。做完操要让宝宝安静几分钟,并用柔软的毛巾将宝宝身上的汗擦干。婴儿被动操和婴儿抚触一样,最好由爸爸妈妈向医护人员系统学习后再带着宝宝做。

宝宝需要一个"熟悉"的妈妈

今天我感到妈妈怪怪的,她闻起来不是我熟悉的味道。她是我的妈妈吗?如果她是我的妈妈为什么气味不一样。我仔细地盯着她看,恍惚是妈妈的样子,可是陌生的气味让我感到非常不安。我不知所措地扭动着,妈妈看着我疑惑的样子也不知道我为什么突然看上去不大对劲。

1个月的相处让我们之间有了一些心灵感应。她试着用湿毛巾擦了几遍自己的乳房,然后再次抱起我,我马上闻到了熟悉的气味,大口吮吸吞咽属于我的奶水。这时我听到妈妈笑着说:"小家伙鼻子这么灵,我换了一种沐浴露就闹绝食。"

悄悄话

我不知道妈妈说的"闹绝食"是什么意思,如果我会说话,会跟妈妈说:"我还没有把您的声音、样貌、气味搞清楚,当您发生一些变化时,我会疑惑面前的人还是不是我的妈妈。当我产生疑惑时,就会在和您互动或吃奶时犹豫不定,并因此哭闹或者干脆睡觉,以逃避不安的情绪。"

作者有话说……

　　婴儿对熟悉感有异乎寻常的需要，如果妈妈的形象、气味和生活习惯发生任何改变，或者没有按照过去的习惯、熟悉的方式回应宝宝，宝宝首先感受到的就是陌生，而多数3个月以下的宝宝会排斥任何陌生的情况。3～24个月的宝宝也会对陌生感到不安。所以，妈妈要尽可能地保持生活习惯和言行的一致，以维护宝宝的熟悉感，让宝宝能够在1周岁之前充分享受安全感。

我和妈妈
原来是两个人

从和妈妈情绪互动中学习情绪调节

我现在已经两个月大了，对外界的声音、气味、温度以及接触到的一切都充满了好奇，对外界刺激的敏感度进一步降低，更不容易受惊，身体也比之前更加硬实了。现在我喜欢跟出现在我眼前的任何人微笑，也在学习、观察我所看到的人的表情，并判断他是否喜欢我。

今天不知道怎么了，在抱着我出去玩的时候，妈妈的脸色突然变得特别难看。我不安地看着妈妈，小脸也皱了起来。我扭动着小身体，发出吭吭唧唧的声音，企图吸引妈妈的注意力。然而，妈妈并没有回应我，我只能通过继续发出"喔喔"的声音，用小手触碰妈妈的脸，企图能够让妈妈高兴起来。但是，此刻妈妈好像陷入了沉思，完全没有回应我的意思。我的小脸上也出现了一丝忧伤，无能为力地将小手放进嘴巴里吸吮，以舒缓压力安慰自己。这时妈妈才回过神来，指着远处的一丛粉红的花朵尽量用温柔的声音对我说："桃花开了，宝贝喜不喜欢？"我听得出来，妈妈的情绪不高，所以我乖乖地用小脑袋蹭了蹭妈妈。妈妈被我的乖巧安抚了，终于露出了一丝微笑。取悦妈妈的成就感超过了对妈妈情绪低落的不安。

作者有话说……

　　一般情况下，0～3个月的宝宝情绪会随着妈妈的情绪而波动。随着月龄的增长，小宝宝逐渐学习通过和妈妈的情绪互动维持生活中的熟悉感和安全感。

　　因此，妈妈要尽可能地在宝宝面前保持愉悦的情绪。如果妈妈因为抑郁症等特殊原因，较长时间无法保持良好的情绪，可以暂时将宝宝托付给爸爸或者其他家人。不过仍要尽可能地让宝宝有机会看到、听到、闻到妈妈，以维持宝宝和妈妈的连接感。

给宝宝一个独立的安全空间

在我两个月零 10 天的时候，我有了一个属于自己的小床。为了布置小床，爸爸妈妈咨询了许多有经验的人。最终他们决定把小床放在妈妈睡的大床那一边。床板比较硬，除了被褥什么都没有放。妈妈原本还想放一个毛绒玩具，爸爸却坚决反对，说那对我不安全。

妈妈还期望多数时间把我放在大床上，我也不想自己睡小床，可是爸爸说不安全，还说我现在晚上睡得比较久，不那么折腾了，睡在小床上是最好的选择。

好吧！看在小床漂亮的份上，我勉强接受吧！

❝ 作者有话说……

很多父母喜欢让宝宝睡在中间，认为这样妈妈和爸爸都可以照顾宝宝。然而随着宝宝长大，不再是躺在襁褓里不动的小乖乖了，为了安全，给宝宝准备一个独立的小床是最好的选择。

小床应该稍硬一些，床上也不要有毛绒玩具之类太柔软的东西，以防堵住宝宝的口鼻；给宝宝穿宽松的衣服，避免包裹过紧导致宝宝体温过高；房间温度应该在 18～26℃，保证宝宝的舒适感和体温恒定；经常观察宝宝的表情和动作，当宝宝发出吭吭哧哧、哼哼唧唧等不舒服的声音时，爸爸妈妈要及时作出反应。

用嘴探索世界的口欲期

妈妈对我喜欢吮吸小手这件事一直颇有微词,觉得这样不卫生,还有把小手啃破皮的可能。在我两个半月的时候,妈妈终于忍无可忍,给我买了一个婴儿安抚奶嘴硬塞进我的小嘴中。她说早就应该给我买了,省得我总是啃小手。其实我不仅喜欢啃小手,等我再大一些,我还喜欢啃自己的小脚丫。这是我探索自己身体的一种方式,只要把我洗干净,啃一口也没什么。至于破皮,我又不傻,还不知道疼吗? 确实有小伙伴把自己啃破皮,那是因为他没有我这么好的妈妈,总是感到不安就有可能啃得狠一些。

当然,我也不讨厌安抚奶嘴,毕竟有时候,我的小手抓来抓去有可能抓到一些不干净的东西。所以,在 1 岁以前给我一个安抚奶嘴玩也是不错的选择。

作者有话说……

婴儿期又被称为"口欲期",意思是说宝宝在这个时期主要用嘴来探索世界和获得安全感。抓到什么都想通过用嘴啃一下或吮吸手指、脚趾进行自我安抚。喜欢干净或没有足够时间照顾宝宝的妈妈也可以给宝宝买个安抚奶嘴,以减少宝宝吸吮手指和啃玩具的机会,同时可以安抚宝宝的情绪。

在练习翻身的过程中快乐成长

日子过得真快，转眼我已经快 3 个月了。这段时间，我的身体变得更有力量、更灵活。我每天都在不厌其烦地练习翻身。爸爸妈妈也经常兴致勃勃地在我练习时趴在我的旁边盯着我看。有时爸爸还会躺在我身边向我演示翻身技巧，妈妈则一边给我加油，一边推我一把。这时爸爸就会对妈妈说："不用管她，让她自己翻，自己翻过去才有成就感。"

如果我翻过去了，爸爸妈妈会开心地抱着我亲。如果我没有翻过去，他们会拿着我最喜欢的摇铃，在另一边逗我翻身。听到铃声我就会急切地一遍遍用力。当终于翻过去时，我就会骄傲地高高扬起自己的小脑袋，如果实在没有翻过去，我也不会气馁，会继续像小乌龟一样努力翻转着小身体。

作者有话说……

　　3个月的宝宝会乐此不疲地一遍遍练习翻身，直到自己能够熟练翻身为止，这完全是宝宝的自发行为，一般不需要父母的特殊帮助。在学习翻身的过程中，宝宝会体验到成功的快乐，这有助于宝宝意志力的成长。

从本能到自主探索世界

今天我3个半月了。晨光熹微中,妈妈看到我睁着乌溜溜的眼睛看着她,满含笑意地从床上抱起了我,我兴奋地在妈妈胸前拱来拱去寻找乳头。一找到乳头,我马上大口吮吸、吞咽。甘甜的乳汁流过我的喉咙,让我幸福地眯起眼睛,冲着妈妈微笑。如果我会说话一定会对妈妈说:"世界上再没有比妈妈的乳汁更好的了。"妈妈则是一边喂我,一边跟我说话:"我的小乖乖笑得真甜啊……"在甜蜜的互动中我把小肚子填饱后,就顽皮地用小舌头顶着乳头玩,感受乳头带给我的快乐。

妈妈注意到我不再吮吸,便熟练地把我竖着抱起,轻轻拍着我的后背,让我舒服地打了奶嗝。能被妈妈这样珍重我开心极了,乐颠颠地趴在妈妈的肩膀上,愉悦地发出咿咿呀呀的声音。内心深处充满了信心和阳光。

> **作者有话说……**

3个月小宝宝的主动性有了很大发展,对乳头或奶瓶有明显的兴趣,不再完全凭着本能寻找食物,而是主动寻找食物的来源,也喜欢大人竖着抱,满意时还会有意识地发出各种声音表达自己愉快的情绪。

初识世界

现在的我吃饱了喜欢玩一会儿，不再像之前那样马上去睡觉。

这会儿我就是吃饱喝足，躺在床上一会儿玩自己的手，一会儿翻身玩。妈妈就在我背后拿一个"唧唧"响的玩具引诱我。可是翻身并不容易，翻了几下并不成功。我继续躺平，转动小脑袋看向发出声音的方向。啊……是一只黄色的小鸭子！好玩，我想要。我伸出小手，然而妈妈把小鸭子拿远了。妈妈问我："宝宝想要小鸭子？"看上去小鸭子变小了，但是我知道它还是那只小鸭子，只是离我更远了而不是变小了。

我的目光继续追逐着这只小鸭子，希望用这种渴盼的眼神打动妈妈，把小鸭子给我。看着我的小眼神，妈妈笑着把它递给我，我抓住它，可它居然从我的手里溜走了。我不气馁，一边用小眼神继续向妈妈寻求帮助，一边自己翻身去找小鸭子。我翻过来了，自豪地高高仰起头，伸手去抓小鸭子。哎呀！我的小胳膊支撑不住了，让自己趴成了一只小乌龟。妈妈笑了，似乎与我有心灵感应，对我说："宝宝抓住了小鸭子，宝宝真棒！"听到妈妈富有感染力的夸奖，我得意地冲妈妈露出了一个大大的笑容。

" 作者有话说……

2～3个月的宝宝初识物体大小和形状守恒，头和目光会跟随自己喜欢的鲜艳或发出悦耳声音的玩具转动。这时爸爸妈妈可以用玩具逗宝宝，让宝宝在游戏过程中练习各种肢体动作，促进身体发育。

此外，宝宝在每个新技能学习过程中，都会产生身体的陌生感。只有通过不断重复新的运动，才能产生自体熟悉感，让宝宝感到安全和自信。

身心一起成长

自从我 3 个月大之后，妈妈发现我的口水越来越多，还常常自己噘着小嘴吐口水泡泡。她经常一边给我擦口水，一边嫌弃地问我："宝宝怎么这么多口水呢？"我无法向妈妈表达这是因为我的唾液腺在发育，这种高级语言和思考方式还不是我这么小的宝宝能做到的。我只能用嘴巴向妈妈吐了一个口水泡泡，表示："不要担心了，我很健康，吐口水也是我自娱自乐的一种方式。而且，我也在用吐口水这种方式熟悉有口水的自己。"

妈妈虽然嫌弃我，但还是帮我擦干，让我清清爽爽、自由自在地躺在大床上玩耍。我一边吃着小胖手，一边蹬着小胖腿，熟悉的感觉让我内心丰盈、满足、充满力量。

于是，我更加有力地向左扭动着自己的小身体。扭呀扭呀，怎么扭不动呢？好累呀，歇一会儿吧！我又向右使劲儿扭呀扭呀，不行，还是动不了呀！没有关系，再歇一会儿攒足了劲儿接着翻，可是好像还差那么一点儿。妈妈好像看不下去了，推了我一把，我一下子就翻了过去。爸爸对妈妈说："她翻身的时候，你不要帮她，她是在自己做练习呢。等她真的学会了，自己就翻过去了。如果你帮助太多，她自己就不练习了。"妈妈说："虽然我知道要让宝宝自己翻身，但是看着她小脸都憋红了还是忍不住担心她累着了。"爸爸说："没有关系的，多练几次就可以了，宝宝累了自己会休息。凡是宝宝自己想干的事情，就是她的乐趣，我们不要干涉太多。你看我把宝宝学习翻身的过程录了下来，她自己翻身翻得多兴奋啊!"我在心里拼命点头,这是真的呀。让我自己做,我才会维持对学习的热爱,相信自己有能力做好自己发自内心热爱的事情,而不是成为一个人云亦云的应声虫。

"我也明白,就是忍不住。"妈妈如是说。

悄悄话

经过9个月的孕育和3个月的紧密相连,我和妈妈水乳交融的关系是爸爸很难理解的。所以,在照顾我时妈妈总是更感性,而爸爸大多数时候能保持理智。因此,在未来养育我的过程中还需要爸爸积极参与,才能让妈妈放心地腾出一部分时间享受独属于自己的快乐,我也能从爸爸那里获得更多理智和冒险的勇气。

作者有话说……

多数情况下,3个月的宝宝已经可以自主翻身,趴卧时可以抬头较长时间,但是常常因不熟练,而出现各种小情况。所以,爸爸妈妈要格外注意宝宝的行为,不要让宝宝离开自己的视线。如果妈妈自己带孩子、做家务,可以用童车、婴儿护栏、爬爬垫等方法把宝宝放在自己视线之内,并经常和宝宝保持互动。

3个月宝宝的唾液腺逐渐发育,会产生越来越多的口水。有时宝宝还喜欢吐口水,这是一种自我学习和自我探索的表现。妈妈爸爸不要嫌弃,及时帮宝宝清理干净就可以了。

此外,爸爸也应积极参与到宝宝的成长中,不仅可以减小妈妈的育儿压力,也能打破母婴之间过于紧密的连接,促进宝宝独立,让宝宝更好成长。

小知识

　　3个月的宝宝初步意识到自己和妈妈不是一体的，愿意短时间等待。有意识地探索他们感兴趣的物品，体验属于自己的力量，能伸手拿东西，短时间抓住小玩具，摇动发声的玩具。

　　同时，宝宝会有意识地和爸爸妈妈互动，愿意通过微笑、发出各种声音、做各种有趣的动作，取悦他们。此时，来自爸爸妈妈及时的互动，能够鼓励宝宝，用语言和行为向宝宝传递爱的信息，强化婴儿的自尊和自体熟悉感，为宝宝自信、安全感打下坚实的基础。

3～6个月的宝宝，认知和行为能力有了明显提升，和外界的互动也正在从被动转向主动，能意识到自己和妈妈是两个不同的个体，相信妈妈在自己需要的时候会出现，愿意回应妈妈对自己的爱。

快速成长中

百天啦

不知不觉我来到这个世界上已经 100 天了。我现在是一个重 7 公斤,高 60 厘米的胖宝宝,小脑袋也大了不少,头围已经有 40 厘米了,后囟已经闭合,前囟也不到 2 厘米了。当然并不是说所有的宝宝都是和我一样,有的宝宝会瘦一些、胖一些,高一些、矮一些,囟门大小也会略有区别。少许的差别不是问题,当然,如果爸爸妈妈因为我的某项指标和标准不一致而感到疑惑,也可以咨询儿科医生,可不要为此心事重重,让我也跟着焦虑。

唉!不说了,我这会儿正感到不开心呢。

现在,我的饭量大了很多,比小时候更容易饥饿,此时我就是被饿醒了。可是没有闻到妈妈熟悉的气味,也没有听到熟悉的声音,我哇哇大哭起来。一直到妈妈听到哭声走近我,当闻到熟悉的气味,看到熟悉的样子,听到熟悉的声音,我才破涕为笑。妈妈也用微笑回应我,并深情地抱起了我。我幸福地依偎在妈妈怀里,全身心沉浸在那熟悉的声音和有节奏的心跳中。我享受和妈妈的这种亲密关系,享受着吃奶所带来的充盈感和妈妈温柔地抚摸我的美妙感觉,这些都让我的情绪得到满足,感到快乐。

快乐的感受不断加深我和妈妈爱的连接。我很享受这种共同沉浸在亲密、愉悦和幸福中的氛围,此时我们只属于彼此,周围的一切似乎都不存在了。

我一边吸吮,一边欢快地扭动着身体。因为我的扭动,让自己的小手感到不舒服,停止了吸奶,我用这种方式告诉妈妈"我不舒服"。妈妈默契地注意到我发出的信号,捋动我的小手,让我舒服起来。我对此感到满意,用暖暖的微笑回应妈妈,然后继续吸吮香甜的乳汁。

当我吃饱了,歪着小脑袋一边凝视着妈妈,一边和妈妈咿咿呀呀地对话,如果我已经学会了说话,就一定是在说:"我爱你,我爱你,我很爱很爱你。"如我所愿,妈妈依然默契地抱起我,凝视着我,温柔地对我说:"爱你,爱你,我的宝贝。"

这时候,爸爸走过来,打破了这种只属于我和妈妈的宁静。他是来跟妈妈商量带我出去拍百天照的。爸爸从妈妈手中接过我,盯着我的眼睛问:"宝宝喜不喜欢拍照啊?"我哪里知道拍照是什么,不过这不重要,重要的是爸爸说话的语气让我感到非常舒服。我愉快地用"啊……啊"回应爸爸。显而易见爸爸也被我的情绪和态度取悦了。他笑着对妈妈说:"宝宝喜欢拍照呢。"我喜欢和爸爸妈妈之间的这种温馨感觉,在爸爸怀里雀跃以表达自己的兴奋。爸爸坏笑着用下巴上的胡子茬扎我,这真是一种新奇的感觉,我睁大了眼睛看着爸爸,他更加开心地大笑起来。我们一家三口的愉快互动一直持续到照相馆。于是,顺理成章地在爸爸妈妈的引导下,摄影师给我拍了很多美丽的照片。

　　当宝宝需要时乳房就出现，当宝宝吃饱了乳房就消失，这是一种恰到好处的符合宝宝需要的状态。宝宝会感到世界就是自己想象的沐浴在父母无条件地关爱下的样子，愿意融入这个带给自己良好感知的世界，逐渐坚定亲子关系在任何风浪中都坚如磐石的信心。这种信心让宝宝感受到的满足体验会被储存在记忆痕迹中，并在以后的生命中为他带来长期的安全感，而内心安全感是一个人一生幸福的基石。

101 天的不悦和幸福

101 天的我躺在妈妈怀里享受着母女紧密连接的幸福时光。这时候电话铃声响起，妈妈匆忙地把我放进婴儿床上就去接电话了。突然离开妈妈温暖的怀抱，我感到很不悦，哭了起来，想迫使妈妈尽快结束电话，把注意力再次转向我。

妈妈听到我的哭声，走了回来，斜靠在我的小床边，一边轻轻拍着我一边继续轻声细语地打电话。听到妈妈熟悉的声音，即使不是和我交流，也感觉好了很多。我一边享受着妈妈轻拍的舒适感，一边把两只小手抱在自己胸前玩。玩了一会儿，我又不自觉地把小手塞进了小嘴巴里。这时妈妈已经打完了电话，看见我在吃手，就轻轻地把手从我的嘴里拿出来，给我换上安抚奶嘴。

妈妈给我洗干净小手后，拿来从出生就经常给我读的色彩鲜艳的绘本，把我抱进怀里，低声给我读书："森林里……"我不知道妈妈读的是什么，不过我很喜欢听妈妈在读故事时抑扬顿挫的声音，也喜欢书上色彩斑斓的颜色。而且，熟悉的故事让我感到很舒心。

和妈妈玩了好长时间，渐渐地，我累了，很想睡觉，频繁地打着哈欠，眼神迷离，还用小手揉眼睛，拿小脑袋蹭妈妈，可是妈妈并没有立刻给我回应。我叽叽歪歪地哭了两声，妈妈十分熟悉我的这种情感表达方式，立刻温柔地问我："宝宝想睡觉了吗？"不用我再做什么反应，妈妈自然而然地按我们共同熟悉的习惯一边轻拍我，一边给我唱起了摇篮曲。这支曲子妈妈已经为我唱了无数遍了，这种熟悉的感觉让我感到非常安全。我对妈妈的回馈感到满意。于是用小手抓着妈妈，慢慢地沉沉睡去。在睡梦中，我被一种柔软温暖包围着，就像一直在妈妈的怀抱中一样。

" 作者有话说……

100 天对宝宝而言是一个重要的时间点，从此时开始宝宝要学习和妈妈分离了。妈妈可以在宝宝醒着的时候离开宝宝的视线，在宝宝需要的时候及时返回，并给予回应和安抚。这样宝宝就能通过妈妈的行为开始学习两件事情：我和妈妈是两个不同个体；妈妈在我需要的时候就会出现。

妈妈在亲子互动中分心会让宝宝感到焦虑、不安，甚至痛苦。宝宝会通过哭泣以重获妈妈的关注。如果这种情况只是偶然行为，妈妈可以及时回到宝宝身边使用轻拍、抚摸等方式进行安抚，宝宝就能适应和前 3 个月妈妈把情感全然投入不同的感觉，有助于宝宝在维护熟悉感和自尊的条件下逐渐适应母婴分离。

但是，如果妈妈总是在亲子互动中对宝宝的呼应听而不闻、视而不见，即使听见也极少用言语和行为回应宝宝，宝宝长大后就容易对自己失望，感到羞愧和被欺负。对否定、羞辱、伤害等过度敏感，出现人际关系冲突或逃避人际交往。

长大静悄悄

温柔的回应对我很重要

现在我已经 4 个月大了，能够熟练地使用表情、声音和动作表达需求，也能很好地回应妈妈对我的关照。妈妈因此欢快地称呼我"小天使""小精灵""小可爱"。我喜欢妈妈用昵称称呼我，因此，每当妈妈这样对我说话的时候，我就会冲着她甜甜地笑。

不过，此时我却感觉很不痛快。本来睡得好好的，却被湿漉漉的感觉弄醒了，这让我感到失望、沮丧和不满。我大声哭泣，希望引起妈妈的注意。妈妈听到我的哭声，跑到我身边。一边问我："妈妈的小可爱怎么醒了，为什么不高兴啊？"一边自然地摸了摸我的尿不湿，发现它已经变得沉甸甸了。她亲了一下我的小胖脸，愉快地对我说："宝宝尿了好多，现在妈妈就给你换一个干爽的尿不湿好不好？"边说边轻快地给我换了尿不湿，然后亲热地抱起我，一边轻轻拍打着我的后背，一边给我哼着熟悉的儿歌。干爽的感觉和妈妈带给我的温柔感让我很快停止哭泣，愉快地向妈妈展露出笑容。

" 作者有话说……

4～5个月的宝宝和外界的互动正在从被动转向主动,当听到爸爸妈妈的声音会主动扭脸微笑,期待得到认可。如果妈妈能细心辨认宝宝的不同需要,给予及时、有效回应和安抚,有助于宝宝快速平静下来。并给宝宝传递信心,让宝宝知道烦恼总会过去,使他们的自体熟悉感得以恢复,维护内心稳定和自尊。如果妈妈不能给予宝宝及时回应,他们就会感到不安和受伤,自我否定,这些负面的记忆痕迹常常会让宝宝和妈妈之间的依恋关系受损,在未来某个令当事人感到陌生的环境中引发痛苦的回响,成为抑郁症、进食障碍的易患因素。

我 5 个月了

现在我的牙槽内已经有白色的小牙开始冒头，长牙的过程让我感到不太舒服。吮吸安抚奶嘴可以让我的牙床感到舒服一些，所以我现在有些依赖安抚奶嘴。当奶嘴不小心从嘴里掉出来时，我会发出各种声响来向妈妈求助。如果妈妈及时注意到我的请求，我就会欢快地扑动着自己的小手，向妈妈表达自己的欢愉；如果妈妈没有注意到我的请求，我就会不满地哭泣。多数时候妈妈都能及时回应我，我尽可能地在妈妈出现的时候，欢快地扑向妈妈，以表达自己的满足和感激。

除了安抚奶嘴，我也喜欢咬任何抓在手里的东西。也许是注意到这一点，爸爸给我买了好几个用来咬的玩具。现在我就在使劲啃一个手抓牙胶，妈妈则在一旁用手机拍视频，记录我的成长。她边拍边说："宝宝现在长牙了，似乎比大多数宝宝长牙早，现在她什么都咬，我给她买了一个彩色的手抓牙胶，她啃得可开心了。"妈妈的行为吸引了我，我放下牙胶向妈妈伸手要她手里的手机。妈妈拒绝了我，这让我感到受挫，吭吭哧哧地哭了起来。

妈妈只能停止录制视频，并把手机放到远处的柜子上，抱起我，柔声安慰道："妈妈给宝宝讲故事好不好？"我满脑子都是"不要"，并继续用哭泣表达自己的不满。"你是我的宝贝……"妈妈轻声为我哼起儿歌。这个还差不多吧，而且我正好饿了，暂时就不要那个看上去很好玩的东西了。

被妈妈抱在怀里吸吮乳汁的我用嘴唇和牙龈裹住妈妈的乳头,努力控制自己咬乳头的冲动,调节着吸奶的力度。当乳汁流入我的喉咙,坏情绪彻底消失了。眉眼弯弯地看着妈妈,还伸出小手去摸她。妈妈笑着对我说:"妈妈的小天使太小了,还不到玩手机的年龄呢。吃饱了妈妈带你玩更好的东西好不好?"妈妈温柔地抚慰让我双眼闪闪发光。

❝ 作者有话说……

5～6个月的宝宝开始长牙了,小牙顶住牙龈向外长,会引起牙龈组织轻度肿胀和不适,并刺激牙龈上的神经,唾液腺反射性地增加分泌口水。宝宝会经常因此感到不舒服,爸爸妈妈可以使用安抚奶嘴、牙胶、磨牙棒等让宝宝磨牙,也可以用洗干净的手指或者湿润的纱布放在宝宝的长牙处,给宝宝轻柔地摩擦牙龈,帮助宝宝缓解疼痛、减轻不适、促进出牙。

此外,这时宝宝的好奇心更重了,看到什么都想要,无法获得时常常会闹脾气,如果宝宝想要的是不适合他的东西,爸爸妈妈就要想办法将宝宝的注意力转移到食物、玩具或者游戏上。

当我感到恐惧时需要您的温柔

我 5 个半月了。和刚刚出生时相比，不再那么容易受惊，但是巨大的声响和突如其来的光亮或黑暗对我来说仍然是非常可怕和陌生的。

就像此时，轰隆隆的雷声把我从美妙的睡梦中惊醒了，我恐惧地哭了起来，接着一道明亮的闪电划过夜空，我更加惧怕地发出凄厉的哭泣。雷声、闪电太可怕了，我惊惧地伸出小手向妈妈寻求庇护。妈妈与我同时醒了过来，她非常及时地把我抱进怀里，轻轻拍着我的后背，温柔地对我说："宝宝这是打雷、闪电、下雨。你听外边有哗啦啦的雨声，下了雨小草就会茁壮成长。"躺在熟悉的怀抱里，闻着妈妈熟悉的味道，听着妈妈温柔的话语，在妈妈的抚慰中，我渐渐安静下来。

我开始注意外边的雨声，哗啦啦的声音让我好奇地凝神静听。雷声和闪电似乎变得没有那么可怕了。妈妈又给我轻声哼着动听的摇篮曲，让恐惧从我的心中一点点抽离，我的小眼皮很快开始"打架"。之后又出现了几次打雷下雨，每次妈妈都会温柔地安抚我，让我安下心来。渐渐地，我就不再那么恐惧打雷了，即使在雷声中醒来也可以在妈妈唱的摇篮曲中安然入眠。

虽然随着月龄的增长，宝宝不再像前 3 个月那样容易受惊，但随着对外界事物的敏感度增高，宝宝对打雷、鞭炮声等自然或非自然的噪音，闪电、暗夜等自然现象，甚至丑陋的事物都可能出现严重恐惧，并在恐惧时主动寻求爸爸妈妈的帮助。这是母婴关系从密不可分向逐渐分离转变的基础。

爸爸妈妈要及时给宝宝温柔的抚慰，并对这些给造成宝宝恐惧不安的事物做出适度积极的反应和解释。如此可以让宝宝把保护、安全与令他不安的情境联系起来，让宝宝感到安全，从而一步步减少对那些情境的恐惧。

成长源自您温柔的陪伴

因为爸爸妈妈一直给我营造着温暖、舒适、安静的睡眠环境，又有他们温柔的陪伴所带来的安全感和熟悉感，使我逐渐养成了良好的睡眠习惯。现在我每天晚上睡 10 个小时，白天睡 3 个小时，晚上 9 点上床之后几乎能一觉睡到早上 7 点。中午吃完奶稍微玩一会儿，也能从中午 12 点睡到下午 2 点多。

良好的睡眠习惯让我更加聪明活泼、精力充沛。每天醒来第一件事就是呼唤爸爸妈妈陪我玩游戏。今天也不例外，我一醒来就发出"喔喔"的声音呼唤妈妈。很快我就听到妈妈轻快的脚步由远及近。我兴奋地一边翻身仰头，一边冲妈妈发出欢快的声音。在我的视野中妈妈由小变大，我知道这是妈妈离我越来越近了。我更加热切地对妈妈露出一个大大的笑脸，并在她伸出双手来抱我的时候同样伸出自己的小手，扑进妈妈温暖的怀抱。

妈妈把我放在膝盖上，用一个摇铃逗我，当我看到摇铃在我的眼中变大，铃声也由远及近时，就兴奋地扑过去用小手抓。有时我能够抓到，有时则会因为判断失误而没有抓到。无论结果如何，我都对这个游戏充满了兴趣。

作者有话说……

　　4～5个月的宝宝正在练习习惯的养成,认知水平和行为能力也有了较大提升。一部分宝宝已经有了自己的睡眠习惯和生活习惯,掌握了物品的相对大小,根据声音确定人和事物的位置,并做出相应的回应。爸爸妈妈可以根据宝宝这个年龄段的特质对宝宝做出相应训练。

虽然不舍,仍要分离

虽然妈妈万般不舍,希望能陪伴我久一点,但在我出生 6 个月后还是要出去上班了。为此,爸爸妈妈只能请奶奶帮忙照顾我。因此,在离妈妈上班还有两周时,奶奶提前来上岗了。

妈妈有意识地让奶奶更多照顾我,可是……可是……我和奶奶不熟啊。开始两天每次看不到妈妈我就会因为不安从左顾右盼直到呜呜咽咽。

幸而妈妈和奶奶都很有耐心,她们的良好合作让我逐渐熟悉了奶奶。慢慢地,我不再全然依赖妈妈,可以离开妈妈一小会儿,和奶奶愉快玩耍了。

66 作者有话说……

6～8个月的宝宝可能出现陌生人焦虑和分离焦虑，当爸爸妈妈离开的时候，宝宝会因感到焦虑不安而哭泣，而职业女性通常在宝宝出生后3～6个月就要上班了。

很多妈妈担心自己外出工作会影响宝宝的心理发展。一般而言，宝宝3个月时母婴分离的确会对宝宝心理产生一些负面影响，因此妈妈要争取到喂奶时间，让宝宝在吃奶时能看到妈妈。宝宝6个月之后，妈妈参加工作对宝宝并不是坏事，相反只要保证替代养育者能给宝宝高质量的陪伴，母婴分离反而有助于提升宝宝对外界的适应力。只要在妈妈上班之前与替代养育者共同照顾宝宝一段时间，让宝宝在爸爸妈妈的引导下逐渐适应新的照料者，宝宝就不会出现过度的负面情绪。

和妈妈的
第一次分离

温暖的替代者，是妈妈爱的延伸

我现在 6 个月了，达到了一个宝宝的颜值巅峰，可以用三个词形容我——胖嘟嘟、白嫩嫩、软萌萌。

在爸爸妈妈看来，我的眼睛是可爱的、鼻子是可爱的、嘴巴是可爱的、小手是可爱的，连我的小脚丫都是可爱的。无论我做什么、发出什么声音或者做出什么表情，都可以让他们开心半天。他们总是对我说，可以为我的健康成长做任何事情。他们对我的这种强烈兴趣，不断强化着我的自信。

可是因为爸爸妈妈要上班，没有办法随时欣赏我的可爱，只能在下班之后尽可能陪伴我，其他大部分时间都是由奶奶陪伴我。尽管如此，我仍然能够带着爸爸妈妈给我培养的自信和奶奶愉快地玩耍。

今天早上吃过奶，和爸爸妈妈说过再见，我就乖乖地坐在自己的小床上和奶奶玩。奶奶对我说："宝宝，我们穿上小裤子出去晒太阳好不好？"当然好了，我最喜欢到外边了，外边有太阳、有花、有树……我开心地扑腾着小手，表示欢迎。然后就坐在奶奶的腿上让她给我穿上纸尿裤。奶奶夸了我一句："真乖。"我以为奶奶会按照妈妈的习惯马上带我出门，谁知她居然又拿出水杯给我喝水。我有些不乐意地在奶奶身上扭动起来，还发出吭吭哧哧的声音，想跟奶奶闹一闹。奶奶可是经验丰富，轻拍我的后背柔声地安抚我，让我躁动的心平静了许多。好吧，喝水也不错。喝了两口，我又想调皮一下，用小手去抓杯子。奶奶居然没让我得逞，我只能继续老实地喝水。喝过水后，奶奶又给我穿外裤。天呀！我不要穿裤子，穿上裤子我就不能这么自由地踢腿了。我扭动着小身体企图反抗，然而还是失败了。我只能乖乖地穿上粉嫩的小衣服、小裤子，戴上小帽子。

做好了外出的准备，我坐在婴儿车上被奶奶推出了门。外边的空气真的好清爽，我用力吸了一下小鼻子，然后像一只学习飞翔的小鸟用力扑腾着四肢，向奶奶表达我的兴奋。

❝ 作者有话说……

6个月的宝宝只要有温暖、能够积极回应宝宝和宝宝玩耍的替代照料者，每天都能见到妈妈，就较少会出现分离焦虑。相反，母婴分离还有助于宝宝更好地进行自我探索，学习社交，适应外部复杂多变的环境。如果替代照料者较少回应宝宝，甚至是冰冷的；或者有的父母选择把宝宝送回老家，一周甚至数月才回去看一次，就很可能让宝宝产生被抛弃感，导致宝宝健康自恋受损。自恋受损的宝宝长大之后常常会出现缺乏自信和安全感的问题，并因此出现社交困难、婚姻问题等一系列社会适应性问题。

读书可以明智

　　傍晚，一听到妈妈下班回来跟奶奶说话的声音，我就"啊哦……啊哦……"大声呼唤妈妈。听到我的呼唤，妈妈飞速换好衣服和鞋子，冲过来抱起了我。我用小脸在妈妈的脸上蹭了好几下，随即向妈妈绽放一个大大的笑脸。

　　和妈妈亲近了一会儿，我拍着一本漂亮的布书，邀请妈妈和我一起玩。这本书是我最喜爱的，上面有一只可爱的猫咪，它有一双大大的蓝眼睛、粉红色的小鼻子、毛茸茸的身体，我超级喜欢它。为了向妈妈展示布书，我伸手去抓它，可惜没有抓起来，只能仰头向妈妈求助。妈妈明白了我的意思，把书拿过来放到我手里。我用小手拍着书，向妈妈欢快地叫着，意思是说"来看呀，这是我的猫咪。"

　　妈妈拥我入怀，和我一起进入小猫咪的故事世界。听了5分钟故事，我的注意力转向可爱的猫咪，试图亲吻猫咪。我想弄清楚这个漂亮的小猫咪到底是怎么放到书上的。可是我还没弄明白，奶奶就走过来，把安抚奶嘴塞到我嘴里，并对我说："这个干净。"奶奶的这个行为对我来说就是不合时宜地破坏了我探索世界的愉悦感觉，这让我感到非常不悦。我用力吐掉奶嘴，并哭泣起来。奶奶试图安抚我，但这对我没有任何用处。我的快乐已经被奶奶弄丢了，思想也被阻碍了。奶奶并不明白这一点，她总是做她认为对的事情，可是她不明白，她认为对的事情，对我的成长可能就是错的。

我无法让奶奶明白我的想法，幸亏还有爸爸妈妈。妈妈对奶奶说："妈，这是专门让小宝宝玩的书，所有材质都是安全的，而且我已经把它洗干净了，不会让宝宝吃坏肚子的。"停顿了一下，妈妈接着说："小宝宝是在用自己的嘴巴探索世界。"看得出奶奶并不完全认同妈妈的说法，幸好她愿意听妈妈的想法。我想过不了多久，奶奶就会允许我用嘴巴探索世界了。

" 作者有话说……

1岁以内的宝宝喜欢用身体探索自己周围的世界，尤其喜欢用嘴来区别不同的事物。所以当宝宝什么都往嘴里放的时候，要尽可能为孩子购买符合安全标准的玩具，做好清洁和消毒工作，而不是制止宝宝啃咬物品的行为。另外，成人养育模式要尽可能通过协商保持一致，以确保宝宝内心的熟悉感和安全感。

我有一些小强迫

今天，我 6 个月零 5 天了。

当我正在和奶奶玩躲猫猫的时候，妈妈下班回来了，我伸出手要她抱，妈妈就随手把自己的包包放在床边的椅子上抱起了我。

然而，在妈妈熟悉的怀抱中我仍然感到不安和困惑。我盯着妈妈的包看了一会儿，然后就哼哼唧唧地哭了起来。妈妈以为我想要她的包，就把包挪到我身边。可是我并不是要包，我只是想让妈妈的包放在它通常放的地方。妈妈的误解让我不悦，我只好自己动手去推包。可是这包对我来说太沉了，我的小手没有足够力气挪动它。幸好妈妈从我的动作中明白了我的意思，笑着拿起包把它挂回玄关的挂钩上。看到包回到它应该放的位置，我满意地将小脑袋拱进妈妈怀里，享受和妈妈在一起的美好时光。

　　宝宝从出生起,在与爸爸妈妈的互动中确定属于自己的秩序,从中学习适应环境、支配环境,达成心灵和环境的协调技能,并因此获得平静和安全感。当宝宝熟悉的秩序被破坏时,就有可能因为感到不安而哭闹。直到宝宝两岁之后,这种成人看起来奇怪的强迫性秩序感才逐渐被规则所替代。因此,爸爸妈妈在宝宝婴儿期要尽量保持相同的生活习惯,以避免宝宝因秩序破坏造成的不安。

我的视野扩大了

我是好奇宝宝

6 个月零 8 天的我长了一个新本事——可以自己摇摇晃晃地坐起来了。

坐着的视角和躺着、抱着的完全不同。我的视野扩大了很多，也能玩更多的玩具和游戏了，我的生活也因爸爸妈妈不厌其烦、挖空心思的陪伴丰富了许多。

今天我刚刚摇摇晃晃地坐起来，就一眼看到一个白白的、软软的、越拉越长的好玩东西。我用小手拉了好长一条，结果它居然断了。原来它还可以撕着玩，我开心得眼睛都眯起来了。

可是还没等我玩够，妈妈就过来把这个好东西拿走了。我感到很失望，想再找机会拿回来继续撕着玩。妈妈一转身看到我亮晶晶的小眼睛，就知道我在憋着大招呢。干脆又把拿走的东西拿了回来。把我的小手放在它上面，柔声地对我说："宝宝摸摸软软的卫生纸。"

我用小手欢快地拍了拍这个叫卫生纸的家伙，虽然它真的很好玩，可是我并不明白妈妈的意思，于是我抬眼用疑惑的小眼神凝视着妈妈。"这是拿来用的。"妈妈接着说："撕着玩儿不也是一种用途吗?"我小脑袋瓜里继续编织着撕纸的100种方法。妈妈从我的眼神中看懂了我的企图，接着说："我们也可以把它变成好看的花朵。"边说边把我刚才撕碎的，还没来得及收拾的卫生纸卷成了一朵朵小花，并用胶水把这些小花贴到一张红色的纸上，用棕色的画笔画出枝条，绿色画笔画出叶子，一个花束跃然纸上。我的眼睛瞪得圆圆的，好神奇呀，我也要学。我的兴趣很快就被妈妈这个神奇魔法给震撼了，撕纸的想法早就被我抛之脑后。

❝ 作者有话说……

半岁左右的小宝宝对各种事物都充满了好奇，白白软软的卫生纸很容易吸引宝宝的注意。如果爸爸妈妈不让宝宝玩，宝宝就会因为没有玩够一直惦记着，找机会继续搞破坏。如果爸爸妈妈和宝宝一起玩，宝宝对卫生纸的破坏就会减少。

同理，在宝宝进入青春期以前都会因为好奇破坏各种物品，爸爸妈妈不要只说"不"，而是要引导宝宝用更有创造性、更少破坏性的方式玩。这样才能更好引导宝宝的智力、心理和神经系统向良性的方向发展。

我开始认生了

半岁之前我很容易对人微笑，即使是陌生人，我也能对他们发出愉快的笑声。但是现在陌生人接触我时，我会很不高兴，甚至因为惧怕、陌生感等不适的感受大哭起来。

今天在外边玩时，妈妈让我跟一个陌生的阿姨打招呼，这对我来说可是一件困难而可怕的事情。我拼命扭动小身体，试图把自己埋进妈妈怀里。尽管我听到妈妈有些尴尬地对阿姨说："宝宝有些害羞。"我也不想看一眼那位陌生的阿姨。

好在妈妈并没有强迫我打招呼，只是自顾自地对我说："这是张阿姨，张阿姨还给你送过一个小白兔的玩具呢。"我睁大眼睛盯着张阿姨，认真理解妈妈话的意思。当看见张阿姨友好地冲我笑了笑，我的心理防线不自觉地就放下一些，自然地将小手放进嘴里，边吮吸手指边将这个面孔收录进我的记忆库。也许多见几次，我就会把张阿姨当作熟人打招呼了。

作者有话说……

宝宝 6 个月大的时候已经熟悉了爸爸妈妈和其他经常照顾自己的人。可以区分熟悉的人和陌生人。并对那些不熟悉的人、事物产生惧怕、厌恶、拒绝等情绪，心理学家将其称为"陌生人焦虑"。这是小宝宝在学习自我保护和处理不同的人际关系。因此，这时爸爸妈妈不要逼迫宝宝和陌生人打招呼，而是应该温柔地通过接纳性态度，帮助宝宝慢慢扩大自己熟悉的人和事物。当宝宝把陌生变为熟悉，就会配合打招呼，甚至主动社交。

温柔地给我最初的教育

我 6 个月零 10 天了。

在这个阳光明媚的周日,我如往常一样热切期望有人陪伴和玩耍。当正午的阳光照耀我的时候,我百无聊赖地把双手抱在胸前和自己玩,很快我对这种游戏失去了兴趣。可是,大人们都不在我身边,这让我感到十分不开心。

我开始哭泣,哭声很快吸引来了爸爸,我向爸爸挥舞着小手,通过这种行为表达对爸爸的渴望。我其实是在说:"如果你现在抱抱我,我就是幸福的孩子,如果你让我失望了,我就会误以为自己被抛弃了。"爸爸当然与我心有灵犀,用有力的大手把我抱了起来,同时对我说:"宝宝想爸爸啦!想让爸爸抱,你怎么这么想爸爸呀?"我咿咿呀呀地控诉着爸爸妈妈对我的忽视。"宝宝这么委屈呀?"爸爸继续问我。我向爸爸挥动着小拳头,爸爸用自己的大手包住我的小手。"不可以!"爸爸严肃地说。"爸爸妈妈就在这里,你想我们的时候,可以叫我们,但是如果你打爸爸,爸爸会伤心的。"我扭动着身体,企图摆脱爸爸的束缚。然而,爸爸继续坚定地对我说:"如果宝宝想爸爸妈妈的时候能等一下,爸爸会感到很高兴。"我把小手伸进爸爸嘴里,企图阻止他的碎碎念。爸爸把我的手从嘴里抓出来,盯着我的眼睛,一字一句地说:"爸爸妈妈爱宝宝,只要宝宝需要,我们就在这里,宝宝只要等一下,爸爸或者妈妈就会来和宝宝在一起。"我完全没有听明白爸爸话的意思,但是我仍然从他的态度中感受到当我需要爸爸妈妈的时候,不论我是否看到他们,他们都有可能出现在我面前。虽然我对此还有些半信半疑,但此时我还是更愿意放下不安和爸爸玩耍。

6个月大的宝宝,仍然受非黑即白、熟悉、快乐的三原则支配,只能接受极短时间的延迟满足。只要被满足,马上会感到熟悉、愉悦的亲密;稍许忽视也很容易让宝宝感到挫折。

半岁宝宝喜欢用哭声胁迫或用微笑、动作、声音诱惑爸妈来满足自己的需求和情绪。当需要没有被满足时,陌生感、沮丧会立刻袭来,宝宝就会感到愤怒、不安,很可能因此打人、哭泣、大喊大叫。此时爸爸妈妈不仅要及时回应宝宝,还要不厌其烦地教宝宝自我控制,让宝宝缓慢而持续地提升自己延迟满足和应对挫折的能力。这样不仅能减少宝宝在没有得到满足时像火山爆发一样乱发脾气,也可以减少妈妈因为宝宝情绪过度表达造成的无助感和不安感。从而为良好的亲子关系打下坚实的基础。

添加辅食也是我健康成长的重要一步

我 6 个半月了。

这几天妈妈总会用勺子弄一些奇怪的东西喂我,她将其称为"辅食",好奇怪的名字。我不喜欢它们,我只喜欢香甜的乳汁。为了逃避辅食,我用尽各种手段——扭头躲避妈妈的勺子,用手推开勺子,把食物吐出来……还好妈妈并不坚持,每次只喂我吃两三口就收手。

尤其是今天,妈妈给我喝了橙汁,甜甜的、香香的,让我对辅食有了一点儿兴趣。于是,我自己抓住勺子,想一次喝更多,却把橙汁弄了一身。没有办法,我的小手还不太受控制,我乖巧地冲着妈妈笑了笑。妈妈点着我的小鼻子说:"你怎么这么可爱呢。"

" 作者有话说……

6～12个月大的宝宝可以逐步添加辅食,如米粉、麦片粥、果汁、菜泥等。辅食可以解决奶汁中铁、维生素D不足的问题,多种口味的辅食还能给予宝宝丰富的感官刺激,有助于宝宝的味觉发育,提升宝宝智力发育水平,训练宝宝吞咽和咀嚼功能,有利于宝宝顺利完成从乳汁向成人食物过渡。在添加辅食的过程中,爸爸妈妈要从单一、少量开始。开始只给宝宝添加1～2种辅食,一次只喂2～3口,在宝宝接受这种辅食之后再添加新的辅食,逐渐丰富宝宝的食谱,增加辅食的量,才能让宝宝不排斥辅食。

不要说我坏话，我会生气的

今天，我 6 个月零 20 天了。

洗澡的时候，我不小心将便便拉进了洗澡水里，让妈妈不得不重新换了一盆洗澡水。妈妈生气地对我说："一洗澡就把便便拉到洗澡水里，简直是个小坏蛋。"我才不是小坏蛋，是热水让我的小肚子很舒服，才让本来很难拉出来的便便拉在了洗澡水里。是妈妈没有让我的小肚子舒服，才让我排便困难呢。这是妈妈的错，我才不是小坏蛋。不要以为我不会说话就听不懂。妈妈欺负我不会和她吵架。其实现在我已经知道"mama"是妈妈，"baba"是爸爸，知道"好""坏"，还知道妈妈的大部分表情的含义。

所以，当妈妈说我是小坏蛋时，我很生气，先黑着小脸向妈妈吐了一口口水，然后扭着小身体各种不配合，向妈妈表示自己的不满。但是，当我看到妈妈的表情变得更难看时，害怕妈妈厌烦我，还是小心翼翼地挤出一丝笑意来取悦妈妈。

当然，随后我从妈妈担忧的眼神中感受到她并非完全在生我的气，也在生自己的气和为我的健康担忧。她对爸爸说："不知道最近怎么了，宝宝排便总是有些困难，只有洗澡接触温水后才能拉出来。我们要不要带孩子去医院看看？"

我就知道不论我做什么妈妈都是爱我的，她在任何时候都会全方位关注我的身心健康。

66 作者有话说……

　　随着月龄的增长，宝宝已经听懂了越来越多的语言，也会从爸爸妈妈的表情中分析对自己的情绪、情感，常会在爸爸妈妈情绪波动时尝试用微笑、声音和行为取悦他们。这是宝宝开始学习共情的标志，而共情能力是情商最重要的组成部分。

邀请你和我一起玩耍

6 个月零 25 天的我已经可以自己稳稳地坐着了,更喜欢有人陪我笑、陪我闹。可是爸爸妈妈和奶奶经常要做各种事情,不陪着我玩,时常让我感到有些失落。

就像现在,我先是发出"pa……ba"的声音,以吸引大人们的注意。谁知平时呼之即来的几个人一个也没来,我失望地哭了起来。听到我的哭声,爸爸走到我面前,我不耐烦地伸出手,用行为表达对爸爸的渴望。我不断地挥舞着手,我其实是在说:"亲爱的爸爸,我现在非常想邀请你和我一起玩儿。"爸爸意识到我的急迫需求,把我抱了起来,还温柔地对我说:"宝宝想爸爸啦! 想让爸爸抱的时候就叫爸爸、爸爸……""啊……ba。"我回应着。"再叫一个,爸……爸。"我憋足了劲,结果发出的音却是"a……a"。没有办法,人家现在还不会说话,不要强人所难。不过这个说话游戏我很喜欢,于是我继续愉快地在爸爸怀里发出"ya……a……mu"各种声音。

作者有话说……

6个多月的宝宝已经能够主动地邀请他人参与自己的玩耍，如果照料者能够准确回应婴儿的信号，宝宝就能体验到一种熟悉的、愉快的亲密感，而感到自己沐浴在爱的光芒中；如果照料者忽略了宝宝发出的邀请信号，做宝宝不喜欢的游戏，宝宝就会感到陌生、挫败、悲伤、愤怒、坐立不安。

被爱沐浴的宝宝在遇到挫折时会尝试控制自己的情绪反应；相反被过度忽视的宝宝，情绪就会像一座小火山，时不时地爆发一下。

小知识

虽然6个月宝宝的行为、情绪多数出于本能，但是情绪更加丰富，在愉快和不愉快之外出现了恐惧、愤怒、厌恶、悲伤、忍耐等更复杂的情绪。能听懂更多词汇，从爸爸妈妈的语气、语调、表情中了解他们的情绪，初步具备了对他人情绪做出反应的能力。

7～12月龄是宝宝语言、动作、依恋关系发展的关键时期，宝宝能理解语言并牙牙学语，能抓、摸、爬、滚、走，害怕和爸爸妈妈分开，能区分和表达情绪，需要爸爸妈妈在安全和情感方面给予更多关照。

迈出生命的第一步

从坐稳到匍匐前进

爱与游戏是我成长的重要元素

爸爸妈妈认为7个月的我已经是大宝宝了,应该多学习一些有趣的东西。于是,经常拿出各种各样的绘本和画片给我看。虽然我一点儿也看不懂,但这不影响我喜欢这些颜色鲜艳的图画。我喜欢猫咪、蜜蜂、长颈鹿;也喜欢房子、玫瑰和小宝宝,尤其喜欢那些肉乎乎的小狗。

今天妈妈给我看了一张图片,上面有人,有房子,有树。妈妈指着上面的小姐姐说:"小红帽。"我的注意力却被猎人脚下坐着的小狗吸引了,用力地拍打着它。妈妈显然注意到我走神了,马上配合我说:"小狗。"我对妈妈的反应感到满意,欢快地用"啊……啊……哦"的"婴语"回应了妈妈。妈妈被我逗得眉眼弯弯,快乐地在我的小胖脸上亲了好几口。

让我的内心泛起了幸福的感觉。

作者有话说……

　　7个月的宝宝已经到了智力发育的重要阶段。为了让宝宝的认知能力、注意力和智力得到更好发展，爸爸妈妈应该为宝宝提供符合成长需要的丰富多彩的玩具。这些玩具可以是画片、绘本、积木、玩具电话、小木琴，也可以是各种大小、颜色质地不同的球、套叠玩具、小盒子、毛绒玩具等。玩具会引起宝宝对物体的颜色、形状、声音、触觉等的关注，从中学会物品的形状、尺寸、颜色、光滑度、重量、硬度等各种知识。

　　需要注意的是，宝宝会有自己的游戏偏好，这种偏好正是促进宝宝潜能发展的基础。例如，绚烂的色彩最能引起有绘画天赋的宝宝；有逻辑天赋的宝宝则会更多地把注意力放在事物相互关系上……即使在同一个家庭中，每个宝宝的个性特征、内在表现也各不相同。父母要给宝宝与其感官发展相适应、特征鲜明的东西，以便让他们体会到愉悦和成就感，调动宝宝的兴趣，提升宝宝的注意力，激发宝宝的内在心理动力。如果强求其按照父母的要求，甚至斥责，宝宝就会把注意力放到担忧和恐惧中，导致智力发育速度减缓。

爬行前的准备

7个月零5天的我还没有掌握爬行技巧，今天依然像小乌龟一样趴在床上，奋力划动着四肢，身体却纹丝不动，妈妈说我是四轮悬空。我斜睨了妈妈一眼，用表情告诉她："你可不要笑我，我只是在为学习爬行做准备呢。"看着我的小表情，妈妈笑得前仰后合。可是，这有什么好笑的，大人学东西不用练习吗？我这才准备了两个月，练习得一点儿也不慢呢。

笑吧，笑吧，你怎么笑都不会阻止我练习的决心。我依然奋力划动四肢并尝试左右晃动，居然晃出了点儿感觉，我的小胳膊小腿很不协调地用着力。我挪动了，但是奇怪的是我怎么是向后退呢。退就退吧，先不管了，反正我自己挪动了，这也是进步，不是吗？

我练了几天退步爬行后，爸爸终于忍不住出手了。他先是像我一样趴在垫子上，然后手脚交替，向前爬行。看着爸爸的动作，我跃跃欲试地想："嗯，不错，我也要试试。"可是我的脑子说我会了，胳膊和腿却还是不会，照样还是向后退。妈妈在一旁边录像边笑着说："小笨蛋。"我一边不悦地想着："不，我一点儿也不笨，我可以的。"一边支起小身体，挥动手脚努力向前，结果还是向后退。

爸爸没有气馁，连着几天下班后都教我爬行，妈妈也在前面1米的地方用我最喜欢的毛绒玩具引诱我，奶奶在后边交替推着我的小脚。

我似乎领会了爬行的要领，使劲儿挥动着手臂，终于向前移动了。可是，我怎么觉得和爸爸的动作有些不一样呢。这个念头在我从妈妈手里拿到玩具时就消失了。

作者有话说……

宝宝从5～6个月开始学习爬行，由于四肢不协调、力量不足通常并不能爬动。6个月的宝宝手、腿、背部肌肉变得更加强壮，逐渐从不规律的划动四肢到匍匐爬行，再到膝盖爬行，直到9个月时解锁大部分爬行方式。

许多宝宝在学习爬行的过程中需要爸爸妈妈一遍遍帮助，进行耐心训练，如果有机会找其他宝宝一起练习，他们会爬得更快、更好。

此外，学会爬行意味着宝宝可以探索更多的地方，也意味着将会制造更多意外。需要照顾者更加注意宝宝的各种动向，以防跌落、扎伤等意外的发生。

请和我说话

妈妈下班回家后最喜欢做的事情就是和我说话。我也最喜欢妈妈模仿我说"啊""咿呀""喔",每当妈妈学我说话,我就会一边继续"说话",一边手舞足蹈地回应妈妈。可是大部分时候妈妈不会这样和我说话,她更愿意给我讲故事。妈妈今天给我讲的故事叫《小马过河》,她用柔和、缓慢、抑扬顿挫的声音娓娓道来。我坐在妈妈面前仰着头盯着她的脸,认真地听她讲话。虽然我不能听懂这个故事,可是我很喜欢妈妈的声音。一些我听不懂的词汇也像小精灵一样溜进我的脑袋,藏在里面,默默等待我去解锁它们的秘密。

讲完一个故事,妈妈又指着我的斜后方说:"宝宝,帮妈妈把摇铃拿过来好不好?"我没有完全明白妈妈的意思,尝试扭动小身体,左右看了看,想给自己一些提示。妈妈看出我没有明白她的意思,缓慢而耐心地跟我重复:"摇铃……"这次我明白了,抓起摇铃递给妈妈,小嘴里同时发出"咿呀"的声音。

模仿发音失败,我一点儿也不灰心,继续模仿妈妈的发音"呀……"好吧,又失败了。没有关系,我有的是机会练习。

作者有话说……

7个月的宝宝通过观察、模仿，已经了解了一部分发音规律，并加以模仿。爸爸妈妈用抑扬顿挫、声调适度抬高的声音慢慢和宝宝说话，有助于引导宝宝关注语言特征，促进其学习说话。在这个过程中不用完全迁就宝宝，使用过于简单的句子和词汇，只需要反复向宝宝重复说同一个词就可以了。因为复杂的语言比简单发音更有助于宝宝学习，促进认知的发展。

从婴儿被动操到婴儿主动操

除了听故事和学说话,做婴儿操是我每天最喜欢的事情。在过去几个月里,我的婴儿操动作已经增加为屈腿、俯卧、扩胸、伸展、两腿上举、仰卧起坐、两腿轮流屈伸七个动作。

每次和妈妈或者爸爸做操时我都很兴奋,尤其是妈妈的大手握住我的小手,我总能感到一种温暖的能量通过这个连接注入我的身体。当妈妈轻柔握住我的手腕拉我坐起来时,或者握着我的脚腕前后推动时,这种能量似乎格外强大。我双眼注视着妈妈,爱的光芒笼罩着我们。

❝ 作者有话说……

随着宝宝的健康成长,婴儿操从被动操向主被动操过渡。爸爸妈妈可以逐渐增加婴儿操的动作。需要注意的是动作应轻柔,不要伤及宝宝脆弱的关节和脊椎,更要按照每个宝宝的体能及动作发展增加项目。例如,在宝宝学会坐的时候可增加仰卧起坐。

小知识

　　7个月宝宝的大动作快速发展。可以不借助他人稳定坐起来；爬行去拿自己想要的东西；用拇指和其他手指抓握物体。尤其需要注意的是，这时宝宝已经可以抓起豌豆等小物件，很容易发生误食。

　　宝宝喜欢有人陪伴、和他说话以及色彩鲜艳的玩具。这时既需要照料者耐心陪伴宝宝，也要防止宝宝跌落及误食小物件等意外发生。

快乐躲猫猫

作为一个 8 个月的宝宝,我在爸爸妈妈的带领下学会了越来越多的游戏,其中我最喜欢的新游戏是"躲猫猫"。

今天轮到爸爸和我玩这个游戏。当爸爸把一个大手帕盖到我脸上时,我因为看不见爸爸而感到非常紧张。还好,我很快听到爸爸用温厚的声音说:"宝宝在哪里呢?"紧张的情绪一下放松了下来。等到爸爸拿起手帕,接着说:"哦,宝宝在这里呢!"我立刻雀跃起来。这种如过山车般刺激的感觉让我兴奋得一边手舞足蹈,一边咯咯笑了起来。爸爸反复和我躲猫猫,我因为快乐笑得更大声了。

玩着玩着,一阵电话铃声响起,爸爸停下来接了一个电话。我蒙着头看不见爸爸,有点儿害怕,不确信他是否还会回来。虽然爸爸后来回来了,但是我已经失去了和他玩的兴趣,用小手揉着眼睛,小脑袋蹭着爸爸的肩膀,示意结束今天的游戏。爸爸抚摸着我的后背,试图安抚我的情绪。我哼哼唧唧地继续表达自己的不满。爸爸终于明白，我不想再玩了。于是，轻轻拍着我的后背安抚我，在爸爸温暖的怀抱中，我渐渐安静下来。

❝ 作者有话说……

　　"躲猫猫"在任何文化下都是一个重要的游戏，有助于帮助宝宝明白不论是否能看见爸爸妈妈，他们都在那里，心理学将其称为"客体恒常性"。当宝宝逐渐用客体恒常性替代对熟悉感的需要，宝宝就可以在妈妈离开时控制自己的焦虑情绪，逐渐适应母婴分离，降低之后成长中的各种分离焦虑。

　　此外，8个月的宝宝已经学会用表情和动作有意识地表达自己的情感，会用手舞足蹈表达自己的快乐，用蹭爸爸妈妈表达依恋或沮丧，用皱着小脸表达痛苦，用躲避表达不满或厌恶等。爸爸妈妈要注意到这些变化，及时回应宝宝的情绪反应。

当我恐惧时，请你安慰我

虽然我是 8 个月零 10 天的大宝宝了，但胆子并没有变得多大，对丑陋的物体、刺耳的声音等陌生而可怕的东西还是会感到恐惧。今天我就猝不及防地被刺耳的声音吓得失魂落魄。

我本来睡得好好的，突然被一阵尖厉的声音吓得整个身体缩成一团。奶奶说是楼上在装修房子。我不知道装修是什么意思，只是本能地感觉害怕。发出这么巨大、刺耳声音的东西一定是一个可怕的"怪兽"。我害怕到难以自抑地哭泣。奶奶被我的哭声弄得不知所措，只能带着我到小区花园中。

离开这个可怕的声音，我感觉好多了，抽噎渐渐停止。我转动着小身体看着美丽的小鸟、绿的草、色彩绚丽的花。路上我们还碰到了一位奶奶，她带着一个和我差不多大的小朋友。我和小朋友咿咿呀呀地聊了起来，两位奶奶也在聊着我们听不懂的事情。我很喜欢这位小朋友，奶奶推着我走了，我还回头去看他，同时他也在看我。我指着小朋友离去的身影，奶奶心有灵犀地回应我："明天我们还一块玩儿，好不好？"我听懂了奶奶的话，在童车里兴奋地蹦跳。大概为了躲避那个声音，我们在外边待了好久。可是一回来就又听见那个可怕的声音。我"哇"的一声又吓得大哭起来。

奶奶赶快把我抱起来，耐心地哄我。但是，奶奶的声音被巨大的噪音给淹没了，我只能哭得更大声。幸好没过多久这个可怕的声音停了下来。我也哭累了,挂着两行泪痕在奶奶的怀抱里睡着了。

晚上,爸爸还去和楼上的叔叔阿姨沟通了装修的事情,最后还是决定带我回奶奶家里住几天。为了让我明白并没有什么怪兽,第二天早上爸爸特意带我到楼上看看、摸摸那个发出巨大声音的东西。虽然我还是有些害怕,不过知道不是什么可怕的怪兽,我感觉好多了。

作者有话说……

宝宝对刺耳的噪声,黑暗、丑陋、古怪的事物有着天然的恐惧,爸爸妈妈要想办法循序渐进地帮助宝宝了解这些令他们恐惧的东西。大部分宝宝会在父母的引导下逐渐意识到这些看似可怕的东西并非想象的样子,这样可以减轻宝宝的恐惧感。

站立是一件快乐的事情

9个月的我已经学会了很多本领。我会哭、会笑、会翻身、会坐、会爬……现在我还试图学习站立。

这几天妈妈下班回来就会拉着我练习站立。当妈妈把手伸进我的小手掌，我就可以借着牵拉的力量站起来，这可不是一件容易的事情。我需要绷紧胳膊，挺直腰和腿，还要借助胸、腹的力量。不过只要和妈妈在一起，我就觉得安全、快乐，愿意做任何练习。

> ## 作者有话说……

宝宝喜欢在妈妈的牵引下学习站立，这是宝宝从妈妈那里获得安全感和力量感的一种方法。一旦学会站立，宝宝在童车里就待不住了，会经常自己借助物品站起来。床边围栏常常无法给予宝宝足够的保护，照顾者需要更加留心宝宝的行为，以防宝宝自己爬出保护范围。

我的喜好有点儿奇怪

今天姑姑带着一堆玩具来看我。

玩具可多了，我特别喜欢。当姑姑把漂亮的小花球、一整盒积木、橡皮小鸭子……一股脑倒在爬行垫上，我立马好奇地爬过去，一下子按在橡皮小鸭子上。橡皮小鸭子发出"嘎嘎"的声音。我先是愣了一下，马上意识到这个让我愉快的声音是小鸭子发出的。这个声音比妈妈买给我的小鸭子更加悦耳，引诱我使劲儿地挤压它。一家人都围着我，被我的行为逗乐了。

玩了一会儿小鸭子，我又瞄向了小花球，我推开它，然后又爬过去抓住它，反反复复。姑姑看我一直玩球，没有注意到其他玩具，便把更多玩具推向我。我注意到积木，然后爬向它，把所有积木都倒出来，抱着盒子使劲儿啃，全家人都大笑起来。姑姑笑着说："我家孩子也是这样，不要积木只要盒子。"

> **作者有话说……**

9个月的宝宝已经进入大动作协调阶段，具备了自我学习、积累经验的能力，能根据自己的喜好做事情，这是宝宝成长的标志。爸爸妈妈即使不理解宝宝的这些行为，也应该在安全的情况下尽量让宝宝自由探索。

从站立到行走

镜中的我

9个月零10天的我懂的东西越来越多，比如我已经明白对面镜子里出现的宝宝就是自己。

就像今天爸爸抱着我照镜子，当我看到里边的镜像，欢快地用小手拍着镜子里的我。爸爸说："那是宝宝，对不对呀？"我一边拍一边"啊啊"地叫着。我的意思是说"那当然是我了"，这时不知怎么的爸爸咳了一下，我也跟着咳了一下，当然，我是在模仿爸爸的样子。爸爸以为我感冒了，担心地望着我，看我半天没再咳嗽，微笑着问我："宝宝在学爸爸，是不是？"我拍着小手发出"嗯嗯"的声音。爸爸确认我是在学他，笑着刮了一下我的小鼻子。我就故意又"咳咳"两下。这时妈妈在我们身后笑着说："小机灵鬼，学爸爸咳嗽很开心是吧。"我扭过脸冲着妈妈"喔喔"地说话，意思是说"开心，开心"。然后扭过脸拍拍镜子中妈妈的映像，表示我知道这是妈妈在镜子里的样子。回应了妈妈以后，我继续和爸爸玩镜子游戏。

作者有话说……

9 个月的宝宝能意识到镜子中出现的人或事物不是真的，而是自己和他人的镜像。镜子中出现宝宝背后人的映像时，宝宝会回头观察。宝宝还能够将这种技能扩散到自己的影子、照片等上面。

此时，宝宝还具备了更强的模仿能力，除了模仿爸爸妈妈的发音、表情、动作，还会模仿爸爸妈妈发出的各种声音。

淘气宝宝上线了

最近一段时间我盯上了妈妈的长头发，我喜欢笑着去扯，不过妈妈并不喜欢这个游戏。每次我抓她的头发，她总是会大声对我说："疼！放开。"听到妈妈的话，我会快速看一下妈妈的脸，如果她的表情并不严肃，我就会继续抓住；当我意识到妈妈真的生气时，我就会放开手。

但这并不意味着我会老老实实管住自己的小手，我淘气地把手指插到妈妈嘴里，并时不时观察妈妈的情绪反应。当我看到妈妈的脸冷下来的时候，就明白妈妈并不喜欢我故意把手插进她嘴里，于是把小手从妈妈的嘴里抽出来，改为去抓妈妈衣服上的扣子。

因为我爱妈妈，所以我愿意根据妈妈的喜怒哀乐来调整自己和妈妈的互动方式。

❝ 作者有话说……

尽管9个月的宝宝并不能完全了解父母的态度和看法，但是宝宝愿意通过学习提升自己对情绪的理解、表达和调节能力，学会根据爸爸妈妈的表情来调整自己的行为。同时将拥抱、亲吻、微笑作为和爸爸妈妈以及其他人情感连接的工具，将哭泣作为调动父母怜惜的方法，而将抓、拍、咬作为表达自己挫折感、攻击性的方式。

我说的第一个词是"妈妈"

我已经 10 个月了。

今天爸爸教我说"爸爸"的时候，我终于发出了"bo……ba"的音。妈妈在一边酸溜溜地说："妈妈喂你吃，喂你喝，你居然先会叫爸爸。"我用小手抚摸妈妈的脸庞，用行动向妈妈表达我的安抚，"别生气嘛，这只是凑巧了，再说我说的也不是爸爸"。好吧，好吧，看在你是我漂亮妈妈的份上，看在你和爸爸又在不遗余力地教我叫妈妈的份上，我试着叫一叫，"mai"。发音不准确，就当作我叫"妈妈"了。

谁知妈妈并不想放过我，一遍遍地教我："妈……妈。"我小脸都憋红了，终于发出了"ma……ma"。妈妈开心地继续要求我："宝宝再叫一声，妈……妈……。""ma……ma"我是妈妈的好宝宝，当然要满足妈妈这个小小的要求了。虽然我的发音还不标准，但妈妈还是乐得抱着我转了好几个圈。

从 10 个月起, 最晚不超过两岁, 宝宝开始学会说话。宝宝在学会第一个词之后将快速学会大量名词和少量动词, 心理学家把这个阶段称为"命名大爆炸"阶段。

两岁以下的宝宝说话一般只使用 1～2 个词, 而不是用完整的句子来表达自己丰富的内心世界。比如宝宝说"妈妈", 在不同语境下可能是"我想妈妈""妈妈带我出去玩"或者"妈妈帮我拿东西"。所以, 此时爸爸妈妈和宝宝交流时仍然要大胆假设, 小心求证。

迈开小腿走起来

11个月的我已经能够熟练扒着栏杆站起来,有时不扶着东西也能站一下。我还可以扶着沙发、茶几、矮柜走两步。不过多数情况下我的小短腿并不是十分有力,总是会一不小心来一个"屁股蹲"或者"大马趴"。

所以,为了保证我的安全,爸爸妈妈把家里所有我能拿动的,如玻璃花瓶、水果刀、插线板等危险物品都尽量放到我拿不到的地方,家里的矮柜子也用专门的工具固定到了墙上。所有电源也全换上安全电源,还把桌角、柜子角包上了防撞条,地上铺上了爬行垫,让我光着小脚也能自由行动,即使摔倒也不会受伤。

这会儿我自己走到电视机柜旁边,看见电子秤,我好奇地歪着小脑袋看了看,想了想。我想起妈妈经常站在上面,我也想试一试,于是自己扶着柜子努力地站在上面。可是我还没站稳就摔倒了,还好爬行垫足够厚,没有摔疼。我努力站起来还想继续,没想到被听到动静赶来的奶奶一把给抱住了,她摸摸我的头,拍拍我的背,看我没有摔伤,才长舒一口气。

这时,爸爸也从房间里出来了,看了看周围环境,又摸摸我,知道我只是在爬行垫上摔倒了,不可能摔伤,就放心地和我玩起了滚球游戏。

爸爸把球滚给我,我用双手抓住,用力抛给爸爸。可是球一点儿也不给力,掉下来的位置离我很近,离爸爸很远。我坐下来,用一只手把球推出去,球只滚出去一点儿，我只能用小脚把球蹬出去，球终于滚到了爸爸那里。爸爸接到球，把球轻轻抛到我的怀里，我笑着把球再次滚向爸爸……

直到我玩得有些出汗了，游戏才停下来。我用手抓住球迅速塞进小嘴里，这次爸爸可没让我如愿。"球脏，不啃，好不好?"他一边把球从我手里拿走，一边用湿纸巾把我的小手擦干净，并塞给我一个小苹果。"咱们吃这个啊。"我拿着苹果，用小门牙一点点啃着酸酸甜甜的苹果，安静地坐在门口等妈妈下班。

我知道，很快妈妈就会回来，给我一个大大的拥抱。

❝ 作者有话说……

10～12个月的宝宝学会独自站立，扶着物品行走，有的宝宝甚至会独立行走。这时宝宝对自己手的控制能力也有所加强，父母可以和宝宝一起反复玩有助于大肌肉发展的运动，如滚球、打地鼠等。

需要注意的是，对1岁以下的宝宝，父母要尽量配合，让宝宝成为游戏的主角，而不是强求宝宝按照自己的意思进行训练。

此外，3岁以内的宝宝不适合看包括电脑、电视、手机在内的任何电子屏幕。因此，所有游戏、阅读都不要使用电子设备，而是使用纸质、布制图书等有形设备。

我喜欢有质量的亲子阅读

还差一天我就满周岁了。

现在,我的大脑已经有 900g 重了,还会说很多话,不仅会叫爸爸、妈妈、爷爷、奶奶、姥姥、姥爷、叔叔、姨姨、姐姐,还会表达要吃饭、喝水等日常用语。此外,我还是一个爱学习的好宝宝,特别喜欢听妈妈读绘本,也能够初步理解绘本故事。

我喜欢绘本中鲜艳的图画和有趣的故事。今天妈妈给我讲的是《小鸭子上学》的故事。妈妈先是指着绘本给我讲小鸭子背着小书包,走在路上看到小鸡、小鹅,和他们手拉手,开心地说着话,一起去上学。他们在上学路上看到粉红色的花朵,绿色的大树,还有像蘑菇一样的房子。

妈妈问我:"小鸭子上学路上遇到了谁,它为什么很开心呀?"我用小手拍了拍黄色的小鸡,白色的小鹅,说:"鹅!"妈妈笑着问我:"小鸭子在上学路上遇到了好朋友小鸡和小鹅,是不是呀?"我用力点点头。妈妈一下子就明白我的意思,妈妈真棒。"宝宝听明白了,真棒!"妈妈的夸奖让我感到特别愉快,也让我更加想听这个故事,于是用小手翻动绘本,催促妈妈继续讲下去。

妈妈微笑着继续讲小鸭子和小鹅一起去游泳,妈妈又问我:"宝宝是不是也有一只小鸭子,小鸭子是不是会游泳?"我兴奋地说:"鸭鸭。"我的意思是小鸭子当然会游泳。"小鸭子和小鹅会游泳,小鸡不会游泳。"妈妈继续讲道。"嗯嗯。"

我欢快地回应着妈妈。

"

作者有话说……

亲子阅读可以促进宝宝语言发展和文字学习能力,有质量的亲子阅读还能促使宝宝从中学习包括生活技能、情绪管理、时间管理、科学知识在内的各种知识和能力,也有助于促进宝宝多方面的智力发展。

宝宝的第一份宝藏:信任和希望

小知识

0～1岁的宝宝最敏感的部位是口唇,他们常常用吸吮、吞咽、咀嚼、咬的方式来满足自己。因此,这个阶段被经典精神分析学家称为"口欲期"。在口欲期宝宝的心中,自己就是世界的中心,认定妈妈应该给予自己绝对的关注、无微不至的关怀和完全的理解。此时,宝宝需要妈妈无条件的爱,及时、温柔地用语言、拥抱、亲吻和抚触对宝宝的各种身体和心理需要做出反应。

当宝宝的身心沐浴在无条件的爱之下,就能形成被心理学家称为"健康自恋"的特质。初步学会理解和满足自己和他人的情绪、身体感受和需要,并在良好的人际互动中学会自信、信任他人并产生安全感。这样,宝宝既依恋爸爸妈妈,也能接受和他们的短暂分离。当宝宝长大成人时,也更容易和他人建立密切的人际关系,具有坚定的意志力,克服困难的勇气。

0～1岁还是宝宝智力发育的第一个关键时期。在这一年里,爸爸妈妈应该和宝宝温柔地说话、唱歌和亲子阅读;坚持做婴儿抚触和婴儿操;和宝宝一起做各种有趣的亲子游戏;给宝宝玩符合婴儿玩具质量标准的色彩鲜艳的玩具;经常带宝宝接触自然;带宝宝和其他同龄小伙伴玩耍;及时添加符合宝宝月龄的辅食,这些都能有效促进宝宝心理行为、逻辑思维、发散思维、反应力、观察力、语言能力的发展。

1 ~ 3 岁

用双脚探索世界　121

可怕还是独立的两岁　144

1～3 岁的宝宝处于第一个心理成长的关键期——第一反抗期,这时的宝宝显得执拗、不听话,爸爸妈妈要在满足宝宝独立要求的前提下,引导他们学习和遵守规则,为进入幼儿园做好准备。

用双脚探索世界

长了"小马达"的小脚

今天我1岁了

　　爸爸妈妈说生活要有仪式感,所以要给我举行了一个隆重的生日活动——抓周。悄悄告诉你们,妈妈提前几天就开始做准备了,除了准备抓周的书、手帕、算盘、笔、尺子、钱、印章……这些物件外,还偷偷给我开了一个抓周辅导课,教我抓书和笔。

　　早上吃完早饭,爸爸给我洗了个澡,妈妈给我换上漂亮的新衣服,静静等待亲朋好友的到来。人到齐了,爸爸将准备好的东西放在预先铺好的垫子上,让我在众目睽睽之下摇摇摆摆走向垫子。

　　我最喜欢的绘本被放在了所有东西的最中间,看到它我双眼放光,伸出小手,扑通坐了个"屁股蹲"。我不自觉地抓住了一个金灿灿的小算盘。我觉得挺有意思,抱着它玩了一会儿,又将手伸向了色彩鲜艳的绘本。我左手拿着算盘,右手拿着书本,自顾自地坐在垫子上玩了起来,全然忘记了今天的任务。

　　忽然,我听到大家都在鼓掌,不解地看看妈妈,又看看爸爸,顺便扫视了一屋子的人。妈妈很快抱起我，狠狠地亲了我好几下，笑着说："宝宝真棒！爱学习还会理财。"在妈妈怀里我环顾四周，发现所有人好像都为此而高兴，看来今天我的表现不错。

抓周之后，一家人坐在一起吃饭，大家说说笑笑可高兴了。可是我不太高兴，满桌子都没有我能吃的东西。好在我和爸爸妈妈心有灵犀，他们轮流抱着我，还给我吃好吃的苹果。手里有好吃的东西，我收起对桌子上食物的渴望，转而好奇地打量着周围的人和物。

吃过饭后，有人端上了一个闪亮的生日蛋糕，蛋糕上还有一张生日卡片，妈妈读了卡片上的生日寄语。虽然我并不明白生日寄语的意思，但我还是为妈妈悦耳的声音而心动。

"

作者有话说……

父母为宝宝庆祝来到这个世界的第一个生日是一种必要的家庭仪式，其核心是在父母和宝宝之间分享快乐，传递彼此之间的爱。生日庆祝活动可以采用多种方式，可以选择邀请或者不邀请亲朋好友，重点是要给宝宝留下记录幸福瞬间的珍贵影像，用以强化宝宝和原生家庭的连接。

断奶可以更容易

在我一周岁生日后的第 3 天,爸爸妈妈坐在一起商量给我断奶的事宜。"宝宝已经 1 岁多了,正好天气不冷不热,是时候给宝宝断奶了。"爸爸跟妈妈商量道。妈妈似乎还有些犹豫:"再等等吧,我朋友给孩子喂奶喂到快两岁呢。""宝宝越来越大,奶水已经跟不上营养的需要了,而且一直喂奶你也辛苦。"爸爸坚持自己的意见。"那就慢慢减吧。"妈妈继续为我争取福利。

他们你一言我一语商量的结果就是带我去医院做一次全面的体格检查,让医生看看我的身体发育情况是否符合断奶的标准,根据医生的建议决定给我断奶的时间。

体检的结果自然是我的身体很健康,断奶无虞。于是从第二天起,我的辅食加量了,下午的奶却少了一顿。也许因为白天有好玩的事情,我居然没有注意到自己的福利减少了。一个月之后当我发现连晚上最后那一顿奶也消失的时候,一切都晚了,除了象征性地闹了两下什么也做不了。在妈妈的果断拒绝下,我只能挂着晶莹的泪珠睡着了。

作者有话说……

宝宝 1 岁左右就可以断奶了，断奶以春秋两季为主，尽量不要在夏季断奶。在宝宝生病、换照料人的时候也不要急着断奶。在断奶期间要尽可能地让爸爸替代妈妈照料宝宝。

需要注意的是，断奶不可仓促，应经体检确认宝宝身体健康后，再逐渐减少吃奶的次数。尽可能不使用让妈妈躲出去，在乳头上涂抹苦、辣的东西等残酷的断奶方式。因为采取这些方法，有可能会减少宝宝对妈妈的信赖感和安全感，给宝宝带来不愉快的体验。

在妈妈身边撒欢

我现在走路越来越稳了,双脚就像安上了小马达一样一刻也不停歇。我常在爸爸妈妈的鼓励下毫无顾忌地在家里、小区花园和附近的公园尽情撒欢。

虽然我已经很少摔跤了,但还是特别喜欢让妈妈拉着我的小手走路,妈妈温暖的手让我的心都感到暖暖的。我也喜欢妈妈站在前方拍着手呼唤:"宝宝来妈妈这里。"虽然我因距离远而感到害怕,但还是愿意摇摇摆摆地走向妈妈。扑进妈妈怀里的那一刻,我觉得自己就是全世界最幸福的宝宝。

❝ 作者有话说……

多数 1 岁宝宝身高约为 75 厘米,学会了独立行走、叠积木、把玩具放进合适的孔洞等技能。喜欢模仿爸爸妈妈的动作,合着节拍扭动身体。具备拉着扶手上下几阶楼梯,抬脚踢球,抛掷小球的能力。爸爸妈妈要通过各种亲子游戏帮助宝宝尽快学习这些技能,让宝宝快速成长。

日行万步的"无事忙"

1 岁 3 个月的我,每天有使不完的力气。

妈妈和爸爸打赌说我每天最少走一万步,爸爸说不可能。于是,妈妈今天给我戴了一个可以计步的手表,看看我一天到底走了多少步。

我知道妈妈一定会赢,因为我就是一个"无事忙"。我会跟着爸爸拿小扫把扫地,跟着妈妈晾衣服,跟着奶奶去浇花、买菜,还会去追逐五彩的蝴蝶,好奇地围着娇艳的蔷薇花转圈,或者只是从妈妈这里到爸爸那里,从爸爸那里到奶奶那里,从奶奶那里到妈妈那里。结果一天下来,妈妈得意拿着计步器对爸爸说:"宝宝今天走了两万步……""两万步?"全家人都大吃一惊,我的小短腿真的能走那么多吗?

从宝宝迈步开始，就不再是一个全然依赖妈妈照顾的奶娃娃了。宝宝将会在未来 1～2 年内，一直不知疲倦地迈动自己的双腿探索这个未知的世界，学习成为一个独立的个体。这就要求照顾者们一方面要采取给物品边角包防撞条、使用安全电源、给窗户安装护栏等方式预防意外的发生，一方面还要在自己视野之内让宝宝自由地用全部感知去探索世界。心理学家把这称为给宝宝一个独立、自由和安全的空间。拥有这样空间的宝宝未来将拥有更加勇敢、自信、快速适应环境的能力。

我的小手越来越灵活

时光如白驹过隙,转眼之间我已经 1 岁半了。

我的小手越来越灵活,抓握准确度也有明显提升,虽然和大人相比还有很大差异,但也能基本做到随意抓取和摆放。此时,我正在把三块积木摞在一起。把红、黄、绿三块积木稳稳地摞起来,让我颇有成就感。看到我又学会了一个新本领,妈妈似乎很开心。

这时爸爸在餐厅叫我们:"开饭了。"妈妈把我抱到餐厅的宝宝座椅上,我自动张开小嘴就像嗷嗷待哺的小猫咪等着投喂。谁知爸爸今天并不打算喂我,而是递给我一个小勺子,让我自己吃饭。

有什么了不起的,自己吃就自己吃。

哎呀! 我不小心把饭撒到桌子上了。没关系,再舀一勺,我就不信这次吃不到嘴里。虽然撒掉的饭菜比吃进嘴里的多,但我仍然喜欢这种自己做主的感觉。妈妈看到我把自己弄得像一只小花猫,就想拿过饭碗和勺子喂我。我不乐意地冲妈妈喊道:"自己吃! 自己吃!"妈妈听懂了我的意思,明白我的意思是要自己吃饭,不要妈妈喂,就笑着对我说:"那妈妈可就真的不喂宝宝了。""我是大宝宝了,当然不用妈妈喂了。"我如是想着,然后头也不抬地往嘴里扒拉饭。

在行为方面,1岁半的小宝宝因为已经可以牢牢地抓住物品,特别喜欢自己掌控行动,所以这时教宝宝自己吃饭相对容易。爸爸妈妈只要不怕宝宝把自己弄脏,耐心教,宝宝很快就能学会自己吃饭。

在语言方面,此时宝宝的语言仍然缺乏语法,通常是将两个名词或者名词与动词叠加在一起说。所以,爸爸妈妈还需要结合当时语境,才能准确了解宝宝所说的意思。

爬上爬下的淘气鬼

如今我已经 1 岁 6 个月了,小脑袋里充满了缤纷的元素,对一切充满了好奇。我尤其喜欢爬上爬下、东躲西藏。在我所能到达的地方探索感兴趣的一切事物。

今天我探索的目标是被爸爸顺手放在电视柜上的一本好看的绘本。我踮起脚尖,伸出小手,绘本还是离我很远。爸爸把它放得太高了,我只有爬上柜子才能拿到。

我先是抬起左腿,小胖腿在柜子边上蹭了一下就掉下来了。我只能放下左腿抬起右腿,同时使劲用手向上撑起自己小小的身体。虽然失败了,但我发现了肢体配合的问题。于是我略微调整了一下姿势,果然成功地爬了上去。我摇摇摆摆地爬向绘本,并尝试将它拿起来,但是书很沉,第一次尝试失败了,只能伸出两只小手,将书抱起来。我对自己的成功感到高兴,兴致勃勃地坐在柜子上看了起来。我欢喜地看着鲜艳的图画,浑然不觉自己正身处危险当中。还好奶奶及时发现,把我从柜子上抱了下来。然后严肃地对我说:"宝宝不可以爬柜子。"我很想问奶奶为什么，但是我现在还不会说这个复杂的词。只能仰着头懵懵懂懂地看着她。

❝ 作者有话说······

　　1岁多的宝宝对外界充满了各种好奇和想象，喜欢探索家里家外的每一个角落。尽管宝宝会不断地犯各种各样的错误，却会尝试纠正，从而不断增长自己的见识和能力。因此，照顾者要将宝宝置于自己的视线之内，才能在保障在安全的前提下尽可能满足宝宝的需要。

有安全感的宝宝不怕尴尬

今天是爷爷的生日，爸爸妈妈带着我去酒店和爷爷、奶奶以及其他亲戚一起吃饭。能和喜欢的哥哥姐姐一起玩，我可高兴了。我们在房间里跑来跑去，还吃了水果、蛋糕，开心极了。

当哥哥姐姐玩累了去找自己爸爸妈妈的时候，我也在众多亲戚中寻找妈妈的影子。一看到妈妈，我便急切地投入她的怀抱。但是不一样的感觉让我突然意识到她并不是我的妈妈，我有些尴尬，慌张地冲向妈妈。当我抱住妈妈的腿，熟悉的感觉马上让我感到安全。我抬头看向刚才抱我的人，原来是我的姑姑。我又摇摇摆摆地走向她，姑姑拿着摇铃逗我，我笑着伸手去拿。姑姑没有立刻让我抓住摇铃，而是左右摇晃着，摇铃发出动听的声音，我兴奋地围着姑姑转圈圈，她才把摇铃递给我。我抓住摇铃兴奋地上下摇动，听着清脆的铃声。

❝ **作者有话说……**

1岁的宝宝已经具有了从爸爸妈妈的熟悉感中汲取能量，带着好奇心接受陌生感，并将陌生感转化为熟悉感来克服尴尬的能力。

和小朋友愉快地玩耍

阿姨带着她家的小姐姐来我们家玩,于是妈妈还约上对门阿姨带上她家小哥哥,我们一行人浩浩荡荡一起去了公园。小姐姐要玩捉迷藏,我懵懵懂懂搞不清楚状况,只会傻乎乎地跟着他们跑来跑去,我学着小姐姐的样子"躲"起来。小姐姐一边笑一边嚷道:"妈妈,你看宝宝躲反了,她应该躲在树后边,现在她居然捂着自己的脸趴在树上,我一眼就看到她了。"我没听懂小姐姐的意思,但我能从她的语气中感到我做错了。我为自己的失误感到受挫、沮丧,很生气地嚷嚷着:"笑什么笑!"气鼓鼓地扎进妈妈怀里,拒绝和小朋友们继续玩耍。妈妈温柔地拍着我的后背说:"姐姐没有笑话宝宝,姐姐是在教宝宝捉迷藏呢。""是吗,不是骗我的吧?"我想找哥哥姐姐们继续玩耍,可是又害怕他们笑话我。

不知阿姨和姐姐说了什么,姐姐跑过来亲了我一下,拉起我的手,亲热地说:"宝宝,姐姐带你捉迷藏,好不好?""妈妈没有骗我,姐姐没有不喜欢我,我还是人人喜欢的好宝宝。"我也伸出自己的小手,兴高采烈地和姐姐手拉着手继续找小哥哥玩去了。妈妈们在不远处一边看着我们,一边聊着天。我知道妈妈一直在那里,安心地和小朋友们在树丛里钻来钻去,玩得不亦乐乎。

当我再次从一棵小树后面绕出来时,却没有看见妈妈的影子,我有些焦虑和惊慌。为了安慰自己,我拍拍小胸脯,幻想妈妈其实就站在那里。但我仍然不时扭头寻找妈妈的影子,步子越来越慢,游戏也变得没那么有趣了。好在这时妈妈又出现了,我扑向她,拉着她的手,邀请她和我们一起玩耍。

❝ 作者有话说……

　　1～3 岁的宝宝逐渐学会将爸爸妈妈视为自己探索世界过程中的"安全基地"。他们心里明白爸爸妈妈不会因为看不见而消失,但当真的看不见时还是会感到慌张,经常会通过幻想、游戏,假装爸爸妈妈在自己身边来进行自我安慰。

自然给予我成长的力量

妈妈常说自然界的植物、动物、矿物、山川、河流是每个宝宝最好的成长伙伴。所以，爸爸妈妈很喜欢周末带着我并约上阿姨一家人去动物园、植物园还有附近山里玩。我尤其喜欢去动物园，那里有许多和我一样圆嘟嘟的小动物。我最喜欢毛茸茸的小动物，特别想拉拉它们尾巴上的毛。可是妈妈说揪小动物的皮毛会让它们感到不舒服。我看着妈妈，用胖嘟嘟的小手指着眼前那个小动物，问妈妈："什么？"妈妈轻声对我说："小熊。""小熊？"我很疑惑，它和我的玩具熊的颜色、嘴巴、爪子都不一样，怎么也是小熊呢？但是我很快释然了，想起了妈妈曾经说过，我的橡皮小黄鸭和乐乐养的长着绒毛、会游泳、会摇摇摆摆走路的小鸭子都是小鸭子，是因为它们基本的样子差不多，我想大概毛绒小熊和动物园的小熊也有很多共同点吧。当然，所有的想法只是一闪念，很快我的注意力就被憨态可掬的小熊吸引了。

> ## 作者有话说……

经常带宝宝接触动、植物和大自然可以促进宝宝视觉、听觉、触觉、嗅觉等多种感觉器官充分发展，促进多元智力的发展。大自然中的阳光、雨露、泥土的气息还会给孩子带来活力，让宝宝体会自由的感觉。所以，爸爸妈妈要尽量抽时间带宝宝多参与户外活动。有条件的还应该尽可能带宝宝到野外去远足。

我的情绪需要你的指导

看过小熊，我们又去给会表演的小鸟喂食，我很想多喂几次，但是有好多小朋友都排在我后面等着。我们不得不离开这些长着五颜六色羽毛的小鸟，这让我非常不开心。"鸟、鸟！"我大喊道。尽管爸爸妈妈一再试图安抚我，我还是一直在童车里扭来扭去，用小手使劲拍打童车，发出"砰、砰、砰"的声音以表达自己的不满，最后干脆哭了起来。

这时爸爸不再安抚我，而是蹲下来严肃地对我说："不可以！"我更加生气了，用小手"咚、咚、咚"地拍着童车，把小手都拍疼了。爸爸却没有像往常那样抱起我，而是拉着我的小手，盯着我的眼睛，用不疾不徐、坚定的语气，一字一顿地对我说："不可以。"爸爸的样子让我意识到我做错了。

我只能耷拉下小脑袋，瘪了瘪小嘴，老老实实地坐在童车里。三分钟之后，爸爸轻轻抱起我，拍拍我的后背，柔声地说："时间到了，现在我们可以继续去玩耍了。"我偷偷看着爸爸，知道爸爸说"不"的时间已经结束，使劲点了点头，乖乖地等着阿姨带着小姐姐过来一起去餐厅吃饭。

66 作者有话说……

　　从 1 岁起，当宝宝在玩耍中耍脾气，做"坏事"的时候，父母要学会适时地说"不"。让宝宝意识到自己长大了，不能再一味索取。但尽量不要对宝宝大吼大叫，而是使用暂停行动、面壁等方式进行惩罚。刚开始这样做未必有效，但只要父母足够坚定，宝宝就能逐渐形成条件反射，在父母说"不"的时候停下来，思考自己做错了什么。

有时我有点儿"傻"

在餐厅里，我们点了好多菜，可是妈妈说我还小，不能吃只能看。我感到非常痛苦，只能瞪圆眼睛在饭桌上试图找到自己可以吃的食物。"蛋蛋。"我指着一个卵圆形的东西叫道。"不是蛋蛋，是巧克力球。"妈妈对我把一切卵圆形的物品归为鸡蛋的想法颇为无奈，只能一次次纠正我，然后变魔术般地变出了几个鹌鹑蛋，我兴奋地扑向它们。我边吃边听妈妈说："蛋蛋是鸟类的卵，由外皮、蛋清和蛋黄组成。这个是夹心巧克力球，外面是巧克力，里面是巴旦木。"

" 作者有话说……

1 岁宝宝还没有学会归类，常常将某个词汇局限在具体事物上，或将有某些共同点的不同物品归类为同一类物品。只有爸爸妈妈不断和孩子互动，宝宝才能逐渐学会从不断的错误中学会正确归类。

我和我的便便

便便很重要

奶奶对我已经 1 岁多还穿着纸尿裤这件事感到不满,妈妈不在家时常常为我把屎把尿。而妈妈坚持要到两岁再训练我排便。眼看着婆媳之间因为我的便便问题产生冲突,幸好爸爸在两个人中间努力调节,才让冲突消弭于无形。

于是,在双方的妥协之下,在我 1 岁半时,一只小黄鸭坐便器悄悄入住我家。每次妈妈或奶奶感觉我快排便时,就把我带到坐便器旁边,对我说:"我们排便好不好?"然后帮我脱掉纸尿裤,让我坐在上面。我喜欢这个像小椅子一样的坐便器,尤其喜欢在妈妈给我讲故事的时候坐在上面。如果我坐在上面排便了,妈妈常常会亲我一下,表扬我说:"宝宝在坐便器上排便了,真棒!"如果我没有排便,妈妈也不会着急。偶尔奶奶会有些着急,不过因为爸爸有言在先,奶奶也不好说什么,只能由着我把便便继续拉在纸尿裤上。

我用 1 个月的时间熟悉了坐便器,知道它是用来大小便的。爸爸妈妈便正式对我进行大小便训练了。大人们常常追着我说:"想排便的时候要告诉我们。"可是我还没弄清楚自己什么时候要排便,每次大人这样说,我就会闷闷不乐。

大人们只能仔细观察我的排便规律和信号,比如睡醒后或喝水后20分钟左右常常是我的小便时间;小脸变红不时用力、正玩耍的时候停下不动都是我想大便的信号。这时大人们就会把我带到坐便器旁,让我坐在上面,如果我排便了,他们就会帮我脱下纸尿裤,扔进坐便器,告诉我这里是用来排便的。可是我不喜欢奶奶每次当着我的面快速清理坐便器。看到装满尿液的纸尿裤被快速处理掉,我感到身体的一部分像消失了一样,深受打击。幸好在开始排便训练两天后,妈妈就发现了我的小情绪,意识到了让我不安的原因,及时改变策略,不再当着我的面处理了。

作者有话说……

传统上,在婴儿5、6个月大,甚至3个月大时,家长就开始了婴儿最初的如厕训练——把尿。然而,医学研究认为宝宝最少要到18个月才能"听命行事",20个月大之后才能因中枢神经发展而有意识地控制括约肌,从而具备了自主控制排泄的能力。过早的如厕训练并不能加快宝宝自主排便的进程。所以,一般应在宝宝满周岁,甚至两岁再开始进行排便训练。

排便训练是宝宝性格形成过程中非常重要的一环,在训练过程中,父母要有足够的耐心,无论用哪种方式教宝宝如厕都不要给他们压力,更不要因为失败而斥责宝宝,否则宝宝就会利用排便这件事来反抗或者糊弄。

我会用坐便器了

用了一个半月的时间,我终于在大人们的引导下接受了排便时要用坐便器的事实。在坐便器上排便成功的次数越来越多,坐便器也正式入驻我家卫生间。即便如此,大人们还需要引导我排便。妈妈会时不时和我共同阅读如《我会上厕所了》这样好玩的绘本。这些有趣的图画书让我充分了解了我和便便的关系。

说起我的排便训练之旅,也并非一帆风顺,时不时还会出些状况。幸好当我失败时,妈妈仍然会鼓励我说:"没关系,妈妈相信宝宝下次会做好。"

随着时间的推移,我成功的次数变多了,我完全可以自己完成排便的全过程。偷偷告诉你们,我偶尔还会弄脏裤子,这会让我感到沮丧,幸好爸爸妈妈从来不以为意,让我的小心灵得到慰藉。

不过,我不喜欢自己待在卫生间,独自待在那里会让我感到害怕。所以,当我需要排便时,还是会跟大人说:"便便。"然后让大人拉着我的小手去卫生间。

弗洛伊德认为两岁左右的宝宝通过排泄大小便来获得满足感，因此把 1～3 岁称为"肛欲期"。所以宝宝这个时期最重要的训练是排便训练，这个时期爸爸妈妈要按照宝宝的特点进行排便训练。

1～3 岁的宝宝,处于人生的第一个关键期——第一反抗期,这时的宝宝显得执拗不听话,是因为宝宝第一次尝试迈着自己的双脚,用自己的眼睛带着好奇和疑惑去观察、探索世界以及感知自己和世界的关系。

可怕还是独立的
两岁

我是一个"小大人"

两岁的我不再是头大身子小的奶娃娃,身体比例更加接近成人。我还长了20来颗"糯米牙",呼吸频率降为每分钟24次左右,睡觉的时间也降为12个小时左右,虽然还是比爸爸妈妈的睡眠时间多一些,但已经和他们一样有规律了。

我现在走路也稳当多了,再也不像小鸭子一样摇摇摆摆,甚至还学会了倒退走、踢球走、单脚站立,能跨越玩具娃娃、积木块这样的小障碍,会立定跳远、骑三轮童车……

我还增长了很多新本事,会说好几十个词,能说"宝宝要"这样的双词,甚至偶尔还会说"我要吃草莓"这样完整的句子;跟妈妈学了"母鸡咯咯咯,公鸡喔喔喔……"这样的童谣;会说"谢谢",表达感谢;会说"宝宝不开心",表示不高兴。

我常常喜欢自己翻书看,一边看一边自言自语,看见蛋糕说"糕糕",看见小狗说"狗狗"；能分辨物品的颜色、大小、多少、形状，喜欢一边玩耍一边说"大球""红块块""多多"；会自己画线条、圆圈；能自己拉门把手溜出门……

作者有话说……

两岁宝宝的身体、言语、大动作都有了长足发展。父母要充分利用宝宝的这个发展期引导宝宝进行阅读；陪宝宝说话；和宝宝朗诵押韵的儿歌、小诗；给宝宝讲简单有趣的故事；玩五彩缤纷的玩具、玩沙子；在户外摸爬滚打。这些有效的行为、心理训练，可以促进宝宝的成长。

突如其来的情感风暴

在我两岁之前爸爸妈妈经常说我可爱、乖巧。可是，最近他们却因为我经常哭闹、发脾气，而说我要赖、调皮、无理取闹。我可不认为自己是无理取闹，只是觉得自己是大宝宝了，有自己的想法，但是我又说不清楚，只能寄希望于大声哭闹以引起爸爸妈妈的注意，或者用行动向他们表达自己的意愿。

就像今天我既想喝水，又想找妈妈玩，可是我说不清楚，只能大声对妈妈喊："妈妈，水。"爸爸起身把水递给我，同时对我说："妈妈在厨房给宝宝做好吃的，爸爸给宝宝端水。"爸爸这样做让我很不开心，我想要妈妈而不是爸爸，就拒绝接爸爸递给我的水，继续对妈妈喊叫："水！"爸爸没有理会我，把水放在我身边的小茶几上，对妈妈说："我已经给宝宝端水了。"然后继续他的工作。

爸爸妈妈的行为让我感到无比委屈和生气。我的声音变得尖利，不停地叫妈妈，得不到回应我就冲进厨房用力拽妈妈的裙子。妈妈低下头严肃地对我说："爸爸已经给宝宝端了一杯水，对吗？""妈妈端！"我固执己见，决不退缩。"如果宝宝渴了，可以先去喝水。等妈妈做好饭再陪宝宝。""不！"我就像被强迫赶下王座的小魔王一样，被点燃了熊熊怒火。显而易见，妈妈没有任何退缩的意思，意识到这一点，我使劲咬了妈妈一口，妈妈认真地看了我一眼，对我说："咬妈妈是不对的。"听到妈妈的这句话，我意识到自己的目的无法达成，不管不顾地躺在地上撒泼打滚。

爸爸听到厨房里的动静,停下工作跑过来,把我抱起来,双目炯炯地盯着我,一字一顿地对我说:"停、下、来!""不……"我继续哭喊着,扭动身体妄图挣脱爸爸有力的臂膀。但听到的仍然是爸爸坚定的"停、下、来"三个字,这让我感到非常受挫,带着"我不是你们可爱的宝宝吗,你们为什么不再完全满足我的要求呢"的疑惑,哭得更大声了。但除了爸爸结结实实的拥抱之外,我无法获得其他任何回应。我的哭闹渐渐变成抽噎,最后抽噎也渐渐停止,只有小身体的扭动还在告诉爸爸,我在坚持自己的想法,绝不屈服。然而,爸爸坚定的眼神让我明白必须妥协。我沮丧地停下来看着爸爸,他的表情和声音都变得温和起来:"亲妈妈一下,给妈妈道歉。"我不情愿地用小嘴蹭了一下妈妈的裙边。爸爸并没有认可我的行为,继续要求我:"亲妈妈一下。"我偷瞄了爸爸一眼,见没有耍花样的空间,只能不情不愿地叫了一声:"妈妈。"妈妈听到我的叫声俯下身,我敷衍地亲了妈妈一下。

我的小心思并没有躲过爸爸犀利的目光,他轻柔地把我抱起来,拿起一杯重新兑好的温水,一边喂我水,一边柔和地对我说:"宝宝渴了,爸爸喂宝宝喝水。"顿了一下,继续说道:"宝宝想找妈妈,要等妈妈做完事情。"我歪着小脑袋看着爸爸,试图确认他的意思。"所以宝宝咬妈妈是不对的。"爸爸继续严肃地教育我。从爸爸温和的态度中我模模糊糊地意识到即使我不大哭大闹,爸爸妈妈也愿意理解我的想法,只是有时需要我等待一段时间,他们才能实现我的这些愿望。

"宝宝爱爸爸,宝宝爱妈妈。"我向爸爸做出自己的承诺。爸爸微笑着亲了我一下,然后抱着我坐到餐桌前。我快乐地和爸爸一起收拾餐桌,等待一家人共享温馨的晚餐时间。

" 作者有话说……

1～3岁的宝宝探索欲和自我意识快速发展，变得不听话，喜欢按自己意思做事情，甚至显得固执己见、自以为是，因此这个阶段被心理学家称为"第一反抗期"。

宝宝因自己无法再得到无条件的满足而感到不适和烦恼。到宝宝两岁时情绪反应强烈程度达到顶峰。当父母没有让宝宝得偿所愿时，他们的情绪就会像暴风骤雨般狂躁，常常瞬间从"天使"变成"恶魔"。哭闹、扔东西、咬人、躺在地板上撒泼打滚，发出刺耳的尖叫……要驯服这个"小恶魔"，父母就要在宝宝情感风暴来袭时，充满爱意地引导他们学习管理自己的情绪和遵守规则。这样宝宝就会慢慢学会一些情绪管理的方法，情感风暴才会在3岁左右逐渐停歇下来。若父母因宝宝发脾气而感到沮丧、愤怒或轻易屈服或总是冲着宝宝大吼大叫，宝宝就会变成贪得无厌的"小霸王"或蔫蔫的"小白菜"。

选择的自由

虽然我年龄很小，但爸爸妈妈大多数时候还是会尊重我的选择，让我体验到获得自由的感受。我可以在一定范围内选择吃什么、怎么吃、穿什么、怎么穿、怎么玩……

今天妈妈做了四个菜，韭菜炒鸡蛋、清蒸鳕鱼、炒西蓝花、香菇炒菜心。像往常一样，妈妈很温柔地问我："宝宝今天想吃什么呀？""鱼。"我举着手里的小勺子开心地嚷嚷着。"好的。"妈妈愉快地回应我。"宝宝不吃西蓝花和青菜吗？"爸爸在一旁耐心地询问我。"吃鱼。"我坚持自己的意见。"吃青菜长得高。"爸爸继续诱惑我。"不吃青菜。"我继续坚持。"好的，宝宝今天不吃青菜，吃鱼。再吃一个韭菜炒鸡蛋好不好？""好。"我再次举起自己的小胖手。这一餐我吃得非常开心，自己选择的感觉真好。

> **作者有话说……**

父母要学会克制自己的控制欲，不要期待孩子完全服从自己，允许宝宝说"不"。这样有利于宝宝独立性和意志力的成长。如果这时打压了宝宝的反抗，容易让宝宝的性格变得软弱、依赖和没有意志力。因此，父母要尊重孩子的选择，如果期望孩子按照自己的意愿行事，也要多给孩子一些选择，以便满足孩子独立的需要。

允许选择而不是放纵

允许我做出选择，并不意味着爸爸妈妈完全纵容我。为了我的身心健康，他们会努力想办法在健康和满足我的需要之间达成平衡。就拿吃饭这件事情来说，他们知道我不喜欢绿色蔬菜，从来不会强迫我，而是想办法把这些菜做成我喜欢的食物。

此时我正在吃蔬菜饼。妈妈用小熊模具把饼做成一个个小熊的样子，我很喜欢它的样子和味道。不知不觉中，我学会接受我一直避之不及的绿色蔬菜。当我欢快地吃完属于我的蔬菜饼，妈妈一边给我擦嘴，一边表扬我："宝宝真乖，把蔬菜饼都吃完了。"我就会得意地伸出小胳膊抱着妈妈使劲亲一口，同时回应她："好妈妈。"

吃完饭妈妈带我下楼散步，我想戴上自己的小帽子，妈妈说："走一会儿就上来，不用戴。""戴帽子。"我撒娇般地指着衣帽架上的小帽子坚持自己的意见。"好的，妈妈喜欢宝宝好好跟妈妈提出自己的请求，我们就戴上粉嫩的小帽子。"妈妈愉快地说。

父母支持宝宝的合理想法，赞美宝宝取得的进步，让宝宝在引导下自由成长，这些能让他们更加自信。若宝宝想法不合理，父母则要做出合理的变通。比如，宝宝不吃青菜，可以把青菜做成蔬菜饼之类可以接受的食物。

给宝宝一个安全和自由的空间

作为一个两岁的大宝宝我还睡在爸爸妈妈卧室里的小床上,但是我也有自己独立的房间。我的房间里有一排五颜六色的柜子——衣柜、书柜和玩具柜。所有的柜子都牢牢地固定在墙上,柜子的边边角角用防撞条裹得严严实实,窗户装上了隐形防盗网,地上还铺满了软软的垫子,我可以在房间里自由地做任何想做的事情。

当我玩的时候可以把房间里所有东西都拉出来,绝对不会有人干涉我。奶奶可能还会腹诽两句:"把衣服都弄脏了,房间里太乱了"。但因为爸爸跟奶奶说好了不用管我,奶奶终归没有把想法说出来。

现在我就坐在地上自顾自地玩着积木,我最喜欢把五颜六色的积木堆叠起来。倒了我也不在意,继续搭。奶奶听见动静走过来,看到我还在独自愉快玩耍,也就继续去做自己的事情了。这次的积木越堆越高,我觉得自己好棒呀!我感到特别有成就感,跑去找奶奶分享喜悦。奶奶被我拉过来,眼睛都亮了,兴奋地说:"宝宝堆了 6 块积木呢,真棒!"

我不知道 6 块是多少,反正特别多就是了。

❝ 作者有话说……

　　宝宝从两岁起需要有一个属于自己的独立空间,可以是一个儿童房,也可以是一个游戏角。在这个独属于宝宝的空间里,他们可以自由安全地玩耍。这样可以增强宝宝的控制感、自信感、安全感等积极感觉。

　　此外,两岁宝宝在智力发育方面有了初步的数字概念,一般都可以数 1、2、3,掌握更多数字还需要到更大年龄。在动作发展方面,两岁宝宝的精细动作有了一定发展,可以堆叠更多的积木。为了促进宝宝成长,成人在照顾过程中要给予及时的鼓励和赞扬。

在亲子游戏中成长

晚上，妈妈刚进家门，还没有换好衣服和鞋，我就急切地拉着她到我的房间炫耀自己的新技能。妈妈和我一样兴奋，也像小孩子一样和我一起堆积木，堆起来、推掉、再堆起来。我们一起玩耍、一起欢笑，此时我们好像又融为了一体。

吃完晚饭，爸爸也加入了我们的游戏。爸爸比妈妈更会玩，但不像妈妈那样关注我。玩了一会儿，他就开始拼接积木，转眼之间一座城堡矗立在我们面前。"好漂亮，我也要建这样的城堡。"我想。

可是我的小脑袋瓜子还无法构建这样的立体图形，也就无法摆出这样错落有致的城堡。我感到有些沮丧，低下头声音都小了。妈妈小声地责怪爸爸："你看宝宝不高兴了。"爸爸则不以为然地反驳道："这也算是挫折教育吧。"然后，爸爸转向了我："爸爸是大人，宝宝是小孩，所以爸爸能做到的宝宝不一定能做到，不过爸爸愿意慢慢教宝宝学会爸爸能做到的事情，好不好？""好呀！"我的小脑袋一下子抬了起来，两眼放光地注视着爸爸，大声说道。爸爸微笑着，抓住我仍然带些婴儿肥的小手，带着我一起堆了一个小小的城堡。虽然没有爸爸自己堆得大，但也足够安慰我了。

堆好了城堡也快到了我睡觉的时间。妈妈说："宝宝要睡觉了，玩具也要睡觉了，我们先一起送玩具回家好不好？"我左顾右盼，心中暗想："天呀！这么多玩具,要一个个把它们送回家?"我企图逃开,但这是不可能的。玩具都是我的好朋友,送它们回家是我的责任。我磨蹭了一下,就和爸爸妈妈一起行动了起来。当我离开房间去睡觉时,铺了一地的玩具也已经回到了属于它们的地方。

" 作者有话说……

宝宝拥有独立性是打开未来幸福的金钥匙,父母参与度在 50%～60% 的教养方式既满足宝宝独立成长的需要,又让宝宝有属于自己的自由,从而更容易培养宝宝爱的能力和责任心。而爸爸妈妈参与度超过 80%,甚至控制型的养育方式既容易让妈妈焦虑、担忧,又让宝宝感到被束缚,容易变得依赖、缺少界限和责任感。在孩子 12 岁之前父母参与度低于 40% 的教养方式,则容易让他们认为自己可以为所欲为或被忽视,从而变得霸道或自卑。

此外,从宝宝 1 岁开始夫妻关系在家庭关系中的比重逐渐增加,到宝宝两岁时爸爸、妈妈和宝宝之间的关系应成为等边三角形关系。夫妻最好每周独享一个晚上的二人世界。稳定的夫妻关系能为宝宝获得安全感和幸福感打下坚实的基础。

成长不仅仅是一个过程

兴风作浪的"小妖怪"

今天不知道为什么我很不开心,最喜欢的玩具也不能安慰我的小心灵。我不悦地把手里的玩具一个个用力摔到地上,妈妈听到声音,赶忙跑过来抱起我。我似乎找到了发泄对象,照着妈妈的胳膊狠狠地咬了下去,她的胳膊上马上印上了我的小牙印。妈妈轻轻"哎呦"了一声,引来了爸爸。他看到在妈妈怀里左扭右扭的我,马上意识到我又在无理取闹。

爸爸把我从妈妈怀里接了过来,然后轻轻把我放到小板凳上。我却偏强地站了起来,以表达自己不合作的决心。爸爸也没有强迫我,而是抓住我的两只小手,缓慢而坚定地对我说:"把玩具收拾好。""我偏不。"我心里这样想着,小脚也马上付诸行动,抬脚就踢飞了一个小球,然后趁爸爸捡球时,又跑过去,用力甩飞了两块积木。

虽然我如此不听话,但爸爸和妈妈谁也没有吼我,只是温和、坚定地抱着我。也许,我心情不好的时候,也可以像他们一样?

我不知道,但我想可以试一试。

作者有话说……

宝宝1周岁之后,父母要逐渐从全心全意的照料者转化为富有爱心的导师,在宝宝成长过程中通过自己的言行让宝宝意识到爸爸妈妈不会永远围着自己转,世界更不会围着自己转,以此培养宝宝良好的性格和建立规则意识。

更多游戏，更多成长

我喜欢各种各样的玩具，尤其喜欢把一个大大的皮球踢来踢去。当我把球踢给爸爸，他接到球笑得可开心了。我一次一次地接过爸爸扔过来的球，再一次一次地踢过去，我和爸爸都玩得特别高兴。

玩了一会儿，我的注意力又转向积木。我搭了一块又一块，把它们搭起来真的很有意思。"爸爸……"我扭身喊道。爸爸心领神会地帮我数了起来，"1、2、3……"我也搞不清楚爸爸数了多少。最后，爸爸说我搭了 10 块积木。"10 块是多少呢？是不是很多很多呢？"我开心地拍着小手如是想。以至于妈妈叫我们吃饭时我都不想去。

可是拗不过妈妈一直叫，我只能悻悻地停下来。走到楼梯边，我想自己下楼梯，爸爸非要抱着我，我不情愿地扭动着小身体。终于爸爸拗不过我，把我放了下来。

我迈着小腿慢慢下楼，可是我的腿真的太短了，眼看着就要摔跤了，幸好爸爸在前边夹住了我。我觉得没有关系，多下几次就可以了。可爸爸似乎有些不放心，他拉着我的左手，并把我的右手放在栏杆上，让我抓着栏杆慢慢下。我有些无奈地按照他的方法扶着栏杆慢慢走下楼。

随着年龄的增长，宝宝愈发喜欢和照料者以及小朋友一起玩游戏，在游戏中也可以做出抛球、踢球等更为复杂的大动作，也能从中学习"谁抛出了球"等因果关系，还能更有效地体验到他人的情绪，能更好地与父母以及他人建立良好的人际关系。

需要注意的是因为宝宝骨骼娇柔，肌肉力量和耐力不足，容易出现疲劳和损伤，体位不正容易出现脊柱问题。所以，父母在亲子游戏中宜采用动、静结合的方式，切忌让宝宝保持一个姿势超过30分钟。

我长本事了

坐在饭桌前，我迫不及待地用两只小胖手牢牢地捧起小饭碗喝汤。我现在吃饭时，饭撒得越来越少了，爸爸都说我是有本事的大宝宝。

饭后爸爸妈妈带着我在外边玩耍，九点钟准时回家睡觉。因为在外面跑累了，一回家我就要穿着鞋子爬上床，却一如既往地被爸爸妈妈制止了。

他们试着让我自己脱鞋、袜。脱鞋没有什么难的，左脚蹭右脚鞋子就掉了。脱袜子对我来说有些难。妈妈带着我像做游戏一样多做几遍，我也就会了。

上床之后，我坚持穿上已经穿了 5 天的小睡衣。妈妈犹豫了一下什么也没有说。和我一起躺下来之后，妈妈拿出一本书，这是一个关于雪孩子的故事，我虽然有些困了，不过因为很喜欢上面的图画，坚持伸出手去翻动书页，希望看到更多的图画。当我翻书的时候，爸爸就在旁边问我："这是什么？""小朋友。"爸爸问："小朋友在干什么呀？"我有些语塞。爸爸自问自答："小朋友在堆雪人。"我像小鹦鹉一样学爸爸说话："小朋友堆雪人。"妈妈说："宝宝真聪明，小朋友在堆雪人，宝宝说得真清楚。"妈妈开心，我也开心地笑着。爸爸也不跟我读书了，抱着我转了好几圈，我开心极了，笑得更大声了。

妈妈赶快制止了爸爸逗我的行为，他也意识到这样做会影响我的睡眠，赶快把我交给妈妈。我觉得这样的爸爸很可爱，瞪着乌溜溜的大眼睛看着他离开。妈妈又好气又好笑地轻轻抚摸着我，轻轻唱起我熟悉的摇篮曲。我条件反射般地闭上了眼睛，伴着美妙的歌声沉沉睡去。

作者有话说……

两岁宝宝的动作、语言能力都在快速成长，自主意识也随之增强，常常会做一些大人看上去很执拗的事情，比如坚持穿同一件睡衣睡觉。一般来说，尊重宝宝的选择就好。过一段时间，宝宝的注意力就会转向其他方向。如果注意力长时间不能转移，爸爸妈妈才需要额外观察是什么原因导致宝宝的执拗，并尝试用其他物品和行为吸引他们的注意力。

爱，一如既往

即使愤怒，依然有爱

现在我两岁半了，很多时候可以不依赖妈妈独自玩耍。

今天晚上八点多，我坐在客厅的沙发上玩耍，沙发上、茶几上、地板上到处都是我的娃娃、积木、小鼓……它们就像是我的朋友们，陪伴着我，真是美妙的时刻啊。

这时妈妈却走过来温柔地对我说："宝宝，天晚了，我们一起送玩具回家好吗？""不！"我生气地大声喊道。

"玩具困了。"妈妈继续和我商量。"不困！"我更大声地喊。

妈妈似乎急着收拾，有些急躁地动手帮我收积木。"不困、不困！"我大声吼叫，眼睛里也迸出了汹涌的泪水。我继续大声对妈妈吼道："坏妈妈！我不是你的宝宝了。"妈妈压制自己的怒火，抱起我平静地对我说："不论宝宝做什么，我永远爱你，永远是你的妈妈。"我呆住了，不知道怎么回应妈妈。也许，可能无论如何都可以爱吧。我抽噎着揉着自己的小眼睛，把眼睛周围都揉红了。

作者有话说……

　　父母要通过自己的言行帮助宝宝学习——即使我们很愤怒，仍然可以爱。这样在宝宝长大成人之后，在遇到挫败、批评、欺骗等负面情境的时候能够不让愤怒变成伤害自己的恶魔，而是更加理性地处理自己遇到的问题。

学习理解妈妈真实的意思

妈妈的同学带着宝宝来家里玩，小宝宝长得真可爱，就像我爱吃的糯米团子。我小心地伸出手，温柔地抚摸他的小脸。不料我刚摸了一下，小手就被妈妈抓住了，妈妈还严肃地对我摇了摇头。我哭了起来，妈妈赶快把我抱起来，尽可能地远离小宝宝。

我抽噎着对妈妈说："喜欢宝宝……"我的意思是"我这么喜欢宝宝，你为什么不让我摸他。"妈妈温柔地看着我，轻轻拍着我的后背，拿纸巾轻轻擦去我脸上的泪水，安抚我的情绪。温柔地对我说："妈妈知道你很喜欢阿姨家的宝宝，但是宝宝正在睡觉，你摸他把他弄醒了，他会不舒服。一会儿等小宝宝睡醒了你再跟他玩好不好？"我扬起自己的小脸，认真地看了看妈妈，确认妈妈不让我摸小宝宝的原因真的只是因为宝宝在睡觉。当我并不会因为犯错而被妈妈讨厌和惩罚时，我就又变得开心起来。

> ## 作者有话说……

1～3岁的宝宝常常会问爸爸妈妈"你爱我吗"或者"你生气，是不是不爱我了"，这是在确认即使爸爸妈妈很生气，也不会放弃对宝宝的爱。这样宝宝才能确认自己和爸爸妈妈之间的爱是无条件的。宝宝内在的自信、安全和爱的能力才能与日俱增。

请你帮我远离恐惧

　　吃过晚饭，爸爸、妈妈、奶奶和我一起在客厅里看电视，我一边看一边在房间里转来转去。当我不小心走到没有开灯的卧室门口时，黑黢黢的卧室让我觉得自己似乎就像要被某种怪兽吞掉了。我赶快转过身，拍着自己的小胸脯对着大人们大声喊道："怕、怕！"爸爸赶快跑过来抱起我，轻声对我说："宝宝要轻声哦……黑黑的房间害怕宝宝呢，就像宝宝怕黑一样。"我仰头看了看爸爸，然后用自己的脸颊轻轻地蹭着他的脖子。爸爸有趣的语言就像有魔力一样，竟意外地让我不再害怕。

"

作者有话说……

　　将小宝宝恐惧的事物拟人化，可以帮助宝宝学习如何应对恐惧。这样就可以减少宝宝在经历恐惧时产生心身反应。宝宝会在爸爸妈妈讲童话故事般的语言中逐渐学会冷静应对那些令他感到恐惧的事情。

梦与现实之间

晚上，我梦见一个巨大的小丑在追我和爸爸妈妈，虽然我们跑得很快，这个坏小丑还是追上了我们。他抬起巨大的脚踩向我们，我吓得一动也不能动，除了捂住自己的眼睛大叫，什么也做不了……

我突然睁开眼睛，哭着跑到爸爸妈妈的床上，搂着妈妈一边哭一边问："爸爸妈妈，你们好吗？我害怕！"我担心刚才的一切不仅仅是梦，害怕小丑再次出现。我害怕地使劲钻进妈妈怀里，试图寻求安慰。妈妈虽然不知道我说的是什么，看我这么害怕，还是耐心地一边轻轻拍着我，一边低声为我唱起摇篮曲。

然而，这次好听的摇篮曲并不能奏效，看着闭着眼睛的爸爸，我还是有些害怕，用小手试图掀开爸爸的眼皮。爸爸睁开眼睛看了我一眼，又翻身睡去。我用力拍着爸爸，想让他醒着。爸爸妈妈都被我弄得精疲力尽，甚至有些厌烦了，我才确认他们真的好好的。渐渐地妈妈的温柔替代了恐惧，我用微不可察的小声嘟囔着："我爱爸爸妈妈。"在妈妈小声吟唱的摇篮曲中渐渐睡着了。

作者有话说……

　　两岁宝宝的梦境越来越丰富，充满了各种情绪。白天出现的事物以及未解决的情绪开始以象征化的形式出现在宝宝的梦中。然而宝宝常常因并不能区分梦境和真实而格外害怕噩梦，尤其是关于爸爸妈妈死亡的噩梦。做梦后宝宝常常需要反复确认，才能摆脱噩梦对情绪的影响。爸爸妈妈在宝宝噩梦后要格外耐心地给予抚慰，以防止噩梦对宝宝造成心灵的创伤。

像照镜子一样映射爸爸妈妈的言行

现在我越来越活跃，经常在家里上蹿下跳，被爸爸妈妈纠正了好多次却总也管不住自己。今天就在攀爬电视机柜的时候不小心踩碎了妈妈的眼镜，平时温柔的妈妈竟然冲我大声吼道："跟你说了多少次，不要爬上爬下，就是不听，再这样我就不喜欢你了。"

我悻悻地躲到一边，抱着我的小毛绒狗乐乐，对它说："你是我的狗狗，你必须听我的，我让你做什么，你就做什么，不听我的，我就不爱你了。"这时，我看到爸爸把妈妈拉到一边，小声说着什么。很快爸爸妈妈又走过来。爸爸轻声对我说："我们爱你，宝宝，不论你听我们的还是不听我们的，你都是我们的宝贝。"我半信半疑地看着爸爸，又看了看脸色好了许多的妈妈。确信爸爸做出了真实的承诺才爬过去抱住爸爸，对爸爸妈妈说："我也爱爸爸和妈妈。"然后转向乐乐，说道："我也爱乐乐。"

"

作者有话说……

宝宝常常在游戏中将玩具想象成活生生的人，并模仿父母的言行。这是宝宝成长中提升认知能力、情绪智力的重要过程。同时这也是宝宝感到受伤之后自我调节、自我修复、学习人际交往的方式。在这个过程中，宝宝有一个与成人不同的成长技能，通过复制父母说话的方式和内容、面部表情、肢体语言，学习自我表达和人际交往。

爱的能力在冲突中成长

这几天我迷上了小姨送我的小花鼓,有事没事都敲两下。平时爸爸妈妈不在家也没有人管我,可是今天爸爸在家办公,被我的小花鼓吵得很烦,命令我停下来。我因爸爸不友好的态度而感到伤心,一边哭着跑进卧室,一边大声对爸爸说:"坏爸爸!"

我以为爸爸会跟过来,可是我在房间里待了好一会儿,爸爸也没有走进来。我悄悄挪到门口,探出小脑袋,看爸爸坐在沙发上敲电脑。又跑过去对爸爸说:"爸爸,我们玩球好不好?"爸爸想了想,同意了我的要求。我们就一起玩球,刚才的一切似乎根本没有发生。

> ## 作者有话说……

适度亲子冲突对于宝宝来说并非坏事,尽管亲子冲突造成的挫败感的确会激发宝宝的攻击性,然而宝宝出生以来稳定的亲子关系依然会唤起宝宝对爱的联想,让其克服自己对父母的不满、沮丧、愤怒等坏情绪,有勇气尝试与父母沟通。

如果此时爸爸妈妈能积极回应宝宝,就能快速修复亲子冲突中出现的微小裂痕。帮助宝宝学会把在亲子关系修复过程学到的技能扩展到其他人际关系中,能让宝宝更加自信地参与到其他社会交往中。

我会归类了

今天是周末,妈妈又要带我去玩儿了!

"大老虎! 大老虎!"我蹦跳着喊着。妈妈一脸不可思议地看着我。记得两周前看过的老虎一点儿也不奇怪,我现在可不像小时候那样转眼忘事。现在,我的小脑袋比小时候可大了不少,让我有能力使用符号记忆和归类的能力,所以即使没有看到老虎,我依然记得老虎,如果你拿老虎图片给我,我也能认出来。即使老虎的颜色不一样,大小不一样,我也知道老虎就是老虎。

就像妈妈今天穿了平时不穿的裙子,戴了帽子还化了妆,喷了香水,我依然知道这就是我的妈妈。不再会像小时候一样因为妈妈气味的改变,就不再认识她了。

❝ **作者有话说……**

两岁宝宝具有了初级的记忆和思维能力。能够记住几周甚至几个月前的事物。能够把同一类事物归类，甚至可以将同一类事物进行大小分类。这是宝宝理解同一性的开始。

可怕的两岁

出了门，我一眼就看见了门口的小水坑，兴奋地跑过去，围着它跑来跑去，对妈妈的催促充耳不闻。妈妈既无奈又生气，捡起一根小棍子对我说："再不走就要打你了。"我才不在乎呢，我知道妈妈就是一只纸老虎，从来不会真正发威。我自然不会放弃踩小水坑的机会。我一边大声喊着："不打！"一边还故意跑进水坑，在里边双脚起跳。妈妈只能放弃威胁，任由我让自己的小鞋子、小裤子变得湿哒哒的。

玩了 10 分钟，我的兴奋劲儿才过去，跑向妈妈求抱抱。妈妈没有抱我，而是嫌弃地拉着我的手回家换衣服。回家后奶奶抱怨说："你怎么不看着孩子？让她弄得这么湿。"妈妈无奈地叹了口气，答道："我也没有办法呀，宝宝就非得要这么玩。"奶奶看妈妈对我无语的样子，也只能接话说："唉，我听说有种说法叫'可怕的两岁'，原来真的是打不得骂不得，又管不了的两岁啊！"

两岁宝宝的自我意识极强,这时宝宝在寻求独立而不是叛逆。敢于说"不"也是宝宝学会自我控制、增强胜任感的一种表现。适当说"不"可以避免宝宝形成不必要的心理冲突。如果爸爸妈妈对此感到不安也可以使用以下方法减少亲子冲突。

1. 让宝宝选择,如我们是去踩水坑还是去看大老虎。

2. 提建议而不是强迫,如我们去看大老虎好不好,大老虎等着宝宝呢。

3. 将建议和宝宝喜欢的事情联系起来,如看完大老虎,我们再去喂小鸟好不好。

4. 当孩子没有遵从建议,停顿几分钟,换个角度再和孩子沟通。

5. 当孩子做事危及自己或他人安全,要及时制止,防止宝宝做出更多破坏性行为。

这样宝宝就会更愿意听从爸爸妈妈的意见并把父母当作勇敢探索世界后的避风港。

初识规则

爸爸带我去他同学家里玩儿。我发现叔叔家里有好多我家没有的东西。就像现在我看见地上有两个小洞，就是我家没有的，于是我打算把小手指插进去试试它有多深。爸爸一脸慌张，一下把我从地上抱起来，大声喊道："不可以！"我疑惑地看着爸爸。

"这不是安全插孔，有电！"爸爸言简意赅。我完全不懂爸爸的意思，但我知道这是爸爸不允许我接触的坏东西，我决定遵从他的要求，尽管我不知道不听话会导致何种结果。

随后，在和叔叔家姐姐玩儿的时候，我又看见了其他地方有同样的洞。因为想到爸爸说"不"的场景而克制了自己探索的欲望，没有让蠢蠢欲动的小手插进小洞里。

❝ 作者有话说……

约束和顺从是宝宝社会道德发展的第一步。两岁的宝宝已经明白当爸爸妈妈不在身边时，遵照他们的要求行事，可以获得表扬、奖励，避免惩罚。

宝宝通过顺从父母的要求一步步形成自己的同理心和规则意识。不过在 6 岁之前，宝宝经常会违背父母制定的规则。所以，父母们也要学会在宝宝违背要求时给予其适当的惩罚，以强化他们对规则的记忆和遵从。

说话让我更聪明

从我出生以来爸爸妈妈一直不厌其烦地和我说话。在我还不会说话时，多是妈妈自言自语。随着我语言能力的提升，爸爸妈妈常常通过提问引导我说话。这时我常常变身"小话痨"，说个不停。

就像今天，在去动物园的路上，妈妈只问了一句："今天我们去哪里呀？"我就滔滔不绝地说："我们去动物园，看大老虎、小鸟，喂小鸟，动物园里还有小熊，黑色的小熊，还有花的小熊……妈妈我们可以喂小熊吗？"

从动物园回来，爸爸问我："宝宝今天去哪里了？谁带你去的呀？"我接过话头小嘴就停不下来了："妈妈带我去动物园，看鹦鹉说话，鹦鹉说'你好'，鹦鹉毛闪闪亮亮，我可喜欢了……"一直说到吃晚饭。好多好吃的东西才堵住了我的嘴，让我停了一下。不过只是一下而已，很快我的话题转向了食物："妈妈，红色的西红柿，好吃，谢谢。""妈妈也谢谢宝宝的赞美。"妈妈微笑着回应我。她的柔情把我的心都融化了，幸福的感觉真好。

吃完晚饭，爸爸要赶工作，妈妈要收拾碗筷，我只能在自己的小天地里独自玩耍。我自己一边和毛绒玩具玩儿，一边自言自语："羊羊、乐乐坐这边，熊熊坐这边，咱们一起玩儿好不好？我今天可开心了，你们也很开心是吧……"

作者有话说……

　　父母在日常生活中不厌其烦地和宝宝聊发生的事情,见到的人和事物,喜欢什么,讨厌什么……有助于宝宝记忆、语言、社会化的发展。也有利于宝宝情绪管理和共情能力的发展。如果宝宝喜欢表达,父母不要厌烦;如果宝宝不善于表达,父母要反复询问引导宝宝多说话。个别两岁宝宝的语言表达能力发展不足,父母更要多和他们说话、讲故事。

宝宝的第二份宝藏:独立自主

小知识

　　1～3岁是宝宝情商、智商发展的重要的阶段。宝宝的语言、大运动、精细运动等智力发育非常迅猛,到3岁时宝宝的脑重已达到成人的 90%。

爸爸妈妈要想让宝宝拥有更高的智商和情商,一定要在这个时期多和宝宝说话、做亲子游戏、到郊外远足、为宝宝提供营养丰富的食物、帮宝宝养成良好的睡眠习惯。

1～3 岁被心理学家称为"肛欲期"或"第一反抗期",宝宝的核心心理特征是独立自主。主要体现为强烈的情绪表达和自主行为增多。这时宝宝拥有自己独立的空间和行动的自由,也需要爸爸妈妈通过科学的亲子游戏、讲故事、奖励和惩罚等手段让宝宝遵守规则。

排便训练和亲子游戏是这个阶段促进宝宝成长的主要手段。此时,爸爸妈妈既要给予宝宝关注和陪伴,又要克制自己的控制欲,给孩子足够的自由,允许宝宝在引导和保护下自由地探索外部世界,满足宝宝的好奇心和"我的""我要"的需要,帮助宝宝学习表达自己的情绪和需要,独立穿衣、洗漱,独立玩耍、清理玩具,甚至自己照顾宠物。并根据宝宝心理特质建立更自然、富有创造力、有弹性的秩序、边界和规则。在这种条件下养育的宝宝内心充盈而满足,有安全感,内在能量蓬勃发展,能形成独立自主,自律,坚强,富有好奇心、想象力及意志力的心理特点。

3 ~ 6 岁

我是幼儿园小朋友　181

我是中班的大朋友　225

幼儿园大班有些不一样　259

宝宝在幼儿园小班面临的两大问题:一是和爸爸妈妈分开;二是适应幼儿园的新环境。爸爸妈妈要配合老师引导宝宝学习按照成人指令行动,发展自理能力;逐步接纳和同伴在一起的生活,为自己是集体的一员而感到自豪,让宝宝学会分离,顺利适应新环境。

我是幼儿园小朋友

为进入幼儿园做准备

我快 3 岁了,最近一段时间,妈妈每天都尽可能地让我用同样的顺序穿衣服、洗漱。这种稳定的感觉让我觉得安全,在妈妈带我到外边和小朋友玩的时候,我就能带着自信很快和周围的小朋友玩成一片。

出去玩的时候妈妈会看着我和小朋友们玩耍,不会干涉我,我感到自己处于妈妈的保护之下,十分安心。我喜欢小朋友们,和他们在一起比和爸爸妈妈还开心。每天我都盼着能再见到他们,常常不等妈妈叫,我就主动站到门口等着她带我出去。

妈妈还时不时带我到幼儿园附近,指着幼儿园里的各种好玩的东西告诉我那里就是我将要上的幼儿园。透过栅栏,我看见里面的滑梯比公园里的更加色彩绚丽。我很想去玩,可是妈妈说只有上幼儿园才能玩。我脑海中自然而然地出现了在幼儿园滑滑梯的有趣场景,猜想幼儿园也许是个有趣的地方。

在上幼儿园的前一天,妈妈提醒我:"明天早上当我们听到闹钟响,妈妈、爸爸、宝宝就穿衣服、洗脸、刷牙、吃饭,然后一起去幼儿园,好吗?""好呀!"我欢快地答道。

❝ 作者有话说……

在宝宝上幼儿园之前的一小段时间里,父母可以引导宝宝养成一个明确而有规律的生活习惯。这个过程既是将亲子双方联系在一起的稳定亲子关系的象征,也是一种分离仪式。一方面让宝宝明确意识到在相互分离之后还会回到共享的家庭空间之中,另一方面还能增强宝宝的自尊和力量感。这样孩子就不会轻易因为上幼儿园与父母分离而感到恐惧、不安。

我要上幼儿园了

因为今天要去幼儿园了，我在天刚蒙蒙亮时就醒了。一边想着幼儿园的滑梯，一边等着闹钟响起。闹钟一响，我就跳起来对妈妈喊："宝宝穿衣服！"妈妈马上过来给我穿衣服，协助我吃饭，爸爸则不紧不慢地整理上幼儿园所需要的东西。

我一直催促爸爸妈妈快点儿出发，可他们似乎一点儿也不着急。我都穿好衣服这么久了，他们还没有出门的意思。我哼哼唧唧地在他们身边转来转去，他们终于注意到我了，帮我背上小书包。我左手牵着爸爸、右手牵着妈妈，欢快地向幼儿园进发。

在去幼儿园的路上，我开心地听妈妈和我说着幼儿园里有趣的东西，和小朋友在一起会做什么。当我看见幼儿园的大门时，我停了下来，反复跟妈妈强调让她下午第一个来接我，直到妈妈做出保证，我才又拉着爸爸妈妈的手往里走。

我们都以为上幼儿园对我来说是水到渠成的事情，然而当他们带我走到门口，妈妈亲吻了我，把我交给老师转身离开时，我又胆怯了。

我的小脸垮了下来，跑过去紧紧攥住了妈妈的手，把小脑袋埋进她的裙褶里。妈妈无奈地蹲下来轻轻拍着我的后背，轻柔地对我说："我爱你，宝贝。"拍了一小会儿，我感到好了一些，磨磨蹭蹭拉着妈妈的手却不肯向前走。爸爸拉起我的另一只小手,蹲下来看着我说:"你看有许多小朋友,和小朋友玩好不好?""不好,我不要和这些根本不认识的小朋友玩。"我低着头默默地想。爸爸看出我不高兴,低头轻轻拍着我的小脑袋说:"我们都爱你。"我看看爸爸、看看妈妈、看看小朋友、看看老师们、看看幼儿园。

我想去幼儿园,又不想离开爸爸妈妈,我该怎么办呢?

面对陌生人、陌生的环境让我感到不安。这时漂亮的老师走过来,笑着拉着我的两只小手对我说:"欢迎你,我知道你一定是喜欢上幼儿园的宝宝。"我喜欢这个老师温柔的声音,让我感到了一丝温情。终于,我心怀忐忑拉着老师的手走进了幼儿园的大门。

我下意识地回望,正好看到爸爸妈妈站在路边微笑着向我挥手,"是的,爸爸妈妈就在那里,有什么好害怕的呢。"我暗暗给自己鼓劲。

心里装着爸爸妈妈，当我走进教室看见陌生的环境、陌生的小朋友和陌生的老师，没有感到太多不安。因为我知道妈妈一定会在约定好的时间接我。

晚上，我回到家里和妈妈说："幼儿园里有好多小朋友，老师也很好，我喜欢幼儿园。"

作者有话说……

幼儿园对宝宝来说是一个陌生的环境，常常会令宝宝不安，甚至恐惧，让上幼儿园变得不容易。如果爸爸妈妈能及时有效地安抚宝宝，当宝宝情绪波动时，才会凭借本能，通过回忆爸爸妈妈的抚慰获得心灵慰藉，更快适应幼儿园的环境，减少因入园产生的分离焦虑。

幼儿园里的困惑

幼儿园里有好多有意思的事情，有好玩的游戏，老师带着我们唱歌、跳舞、数数，还给我们讲故事。但是幼儿园里也有一些不好的事情，比如今天入园晨检就让我感到很困惑。

老师非让我把小上衣从裙子里拉出来，可是妈妈说过，把上衣扎进小裙子里干净利落还漂亮。我对老师说："妈妈让我这样。"老师没有理会我，继续检查其他小朋友的衣服。虽然我很不高兴，也只能无奈地听从老师的安排。

晚上一回家，我就委屈地跟妈妈说："我不想去幼儿园了。"妈妈温柔地把我搂在怀里，亲亲我的小脸，耐心地问我："宝宝为什么不愿意上幼儿园啊？"我就一五一十把这件事情告诉了妈妈，妈妈听完之后一如既往地微笑着对我说："宝宝你要知道，有时幼儿园老师和爸爸妈妈的想法不一样，让宝宝感到不理解。"停了一下她接着问道："妈妈想知道宝宝自己喜欢把衣服扎起来还是放在外边呢？""扎起来。"我想也不想地答道。"宝宝可以在幼儿园把衣服从小裙子里拉出来，放学后把衣服扎起来。""还能这样做？听上去是个不错的主意。"我如是想。关于穿衣的烦恼一下子就像长了翅膀飞走了，第二天我又能开开心心去幼儿园了。衣服放在裙子外边对我来说根本不是事儿，我甚至没有注意到衣服在外边还是里边，毕竟幼儿园里有太多吸引我的事情了。

宝宝在适应新环境的过程中需要爸爸妈妈的倾听、支持、鼓励和帮助。这不仅可以让宝宝尽快适应幼儿园的环境，也为宝宝有弹性地适应外部环境提供了极为重要的帮助。

幼儿园里的烦恼

今天，在从幼儿园回来的路上，我对妈妈说："今天在幼儿园布布不跟我玩，我不开心。"说话的时候我仰着小脸盯着妈妈，以确定妈妈在听我说话，并能够感受到我的情绪。妈妈看着我，用柔和甜美的声音回应我："今天布布没有跟宝宝玩，你感到伤心和孤独。"

我用力点了一下头，心里暖暖的。妈妈充满感情的回应，让我感到妈妈深深的爱，这种爱让我感到温暖和安全。我用小胳膊搂着妈妈的脖子，和妈妈贴在一起，静静地倾听此时彼此的心跳。在幼儿园和布布发生的不愉快转眼间已经烟消云散了。

"我和悠悠玩皮球，我把皮球举过头顶抛给她，她没接住用脚踢给我，我又踢给她，她又抛给我……我们玩得可高兴了。"我接着和妈妈继续谈论在幼儿园发生的其他事情。全然忘了上一秒还在说的不愉快的事情。

3 岁的宝宝已经可以清晰表达自己的情绪，并将触发事件和情绪连接到一起。这时父母倾听宝宝分享在幼儿园的经历、成果，让宝宝感到自己被认同，可以加强亲子间的情感连接，加强亲子关系的连续性和稳定性。

宝宝还会从良好的亲子关系中习得一些沟通、共情的技能，并将这些技能运用到和小伙伴、老师等其他人际关系当中。

当我生病时

这几天幼儿园有好几个小朋友都感冒了，我也不例外。感冒让我一点儿精神都没有。妈妈看上去也很不安，一直给爸爸打电话商量怎么办。

妈妈主张马上带我去医院输液，爸爸却不想，他们甚至因为此事吵了起来。我对此感到不解，满脑子想的都是"哎，你们别吵了好不好，先来照顾生病的我吧。现在我的体温好像又上来了，妈妈你能不能先放下对爸爸的不满，爸爸你能不能先让妈妈带我去医院，看看医生怎么说再讨论是不是输液。"想着想着，我抽噎起来。哭声终止了爸爸妈妈的争执，他们只能一致决定先带我去医院。

医生看过之后，说我只是感冒了，还说刚上幼儿园的宝宝因为接触很多小朋友更容易感冒，也有可能因为不适应幼儿园的食物拉肚子，通常并不需要过度担忧。今天我只是低烧，物理降温就可以了，根本不用吃药打针。妈妈听到这些之后，一下子放松了，我的心情也好了起来。

> **作者有话说……**

  刚上幼儿园的宝宝，不仅有一个心理适应的过程，还有一个生理适应的过程。因此，宝宝生病时父母不要过度担忧，及时带宝宝去医院就可以了。如果父母对宝宝的健康过度紧张会影响宝宝对健康的态度。过度在意健康的宝宝不仅更容易出现情绪问题，也会因为情绪对免疫力的负面影响而更容易生病。

在游戏中长大

我喜欢,我探索,我学习,我思考

我和爸爸走在公园里,我的注意力完全被各种各样神奇的事物所吸引。当爸爸问我:"宝宝喜欢那些迎风飘舞的彩旗吗?"我兴奋地叫着:"红色、黄色……好多好多颜色。"

我的注意力很快又被一阵阵音乐所吸引,我蹲下来轻拍发出音乐的东西,好奇地围着它转了两圈。爸爸解释道:"这是播放音乐的喇叭。"我的好奇得到了满足,注意力又转向了地上的小蚂蚁。我蹲在那里,盯着蚂蚁背着一颗米粒爬向蚁巢。在蚂蚁行进的路上,我还注意到又有一只背上有黑点的红色甲壳虫,爸爸说那是瓢虫。它们让我感到很有趣,深深吸引着我。我把它们装进心里,一个人安静地看着,不需要任何人指导。

在我看来,此时此刻蚂蚁、瓢虫、蚂蚁洞和我就是一个有趣而神奇的世界。直到蚂蚁爬进树下的洞里,我才回过神来,转过身指着蚂蚁洞询问爸爸:"洞洞?"爸爸明白我在请求帮助,也蹲下来轻声对我说:"这是蚂蚁的家。蚂蚁把食物搬进自己的家。"我歪着小脑袋,努力理解蚂蚁、家、食物之间的关系。虽然还有一些不解,但我会在这些观察中逐渐积累知识,在学习和思考中成长。

" **作者有话说······**

　　游戏是学龄前宝宝成长的主要因素之一。虽然在幼儿园老师也使用游戏促进宝宝成长,但是老师并不能完全照顾到每个宝宝独特的兴趣点。

　　所以,父母要顺应宝宝的特点,花时间为宝宝提供个性化的游戏,让他们爱上这些游戏,激发有助于宝宝心理、智力发展的心理动力,挖掘独特的心灵宝藏,未来宝宝就会在这个方面展现出自己独特的天赋。

看不见的"好朋友"

不知从什么时候开始,我的幻想世界里住进了三个小伙伴——憨厚老实的胖胖,灵活勇敢的小吉和聪明冷静的可可。我们一起做游戏,一起快乐,一起忧伤。

我坐在桌子前画画的时候,常常会和可可说话:"我想画一个爸爸,再画一个妈妈。""让我看看,我需要一张纸,我还需要彩色的画笔,现在我先画一个圈圈,这是妈妈的头,我给妈妈画上头发,一根、两根、三根。嗯,不错,我再画爸爸,爸爸需要高一点儿,爸爸要拉着我的手,这是我的手,这是爸爸的手……""可可,你说我画得好不好。""可可,你也画一下好不好。"我想象着可可就在我面前,不停唠叨着。

每次我因为不睡午觉被老师批评时,都会郁闷地躺在小床上和胖胖唠叨:"胖胖,我不困,不想睡觉,你也不想睡觉,对吧? 可是老师非得让我们睡觉。"

当我眼馋幼儿园对面小店里漂亮的玩具,跟妈妈讨要而不给我买时,我就冲妈妈喊:"小吉有,小吉有好多好多,你为什么连一个也不给我买?"

当晚上房间黑下来,我害怕的时候,我也会说:"小吉,你带我们把妖怪打走!"这样说了以后,我就敢自己一个人在房间里安心睡觉了。

妈妈说我没有这些朋友,我低头不语,暗想:"哼,我才不会告诉你,我知道她们只存在于我的幻想世界中。在你们不陪伴我的时候，我的这些好伙伴们会在只属于我的幻想世界中陪伴我，让我平安喜乐。"

> ## 作者有话说……

　　如果3～10岁的宝宝在独自游戏时自言自语或跟假想伙伴说话，爸爸妈妈不要认为是宝宝出现了幻觉，也不要和宝宝讨论他的假想伙伴。因为自言自语和想象拥有看不见的小伙伴是一部分聪明、富有想象力和创造力的宝宝情绪发泄、解决问题的思维方式和情感表达方式。宝宝有能力区分幻想和现实，知道假想伙伴并不存在。宝宝只是使用这种思维方式指导自己的行为，给予自己抚慰、满足愿望。和假想伙伴说话，也可以让宝宝语言更流畅，在伙伴游戏中更有亲和力。正常情况下到10岁左右，宝宝的假想伙伴就会消失。

我可以等一等

爸爸给我买了一整套换装娃娃,盒子里有漂亮的娃娃,还有衣橱、裙子、包包、鞋子、项链。我很开心爸爸能听见我内心的呼声,一收到玩具就马上打开盒子给娃娃换衣服,虽然穿得不太好看,但依然玩得不亦乐乎。

这时妈妈叫我去吃饭,我有些不情愿,犹豫了一分钟,在妈妈坚定的眼神中,我恋恋不舍地上了饭桌。然后跟妈妈强调:"我待一会儿还要玩,你帮我看好,谁也不要动我的娃娃。"妈妈伸出手指钩住我的小手指,郑重地向我保证:"我一定帮宝宝看好你的娃娃,除了宝宝谁也不能动,我保证!"

我对妈妈的保证非常满意,甜甜地笑着对妈妈说:"谢谢妈妈。"果然,吃完饭娃娃家还是之前的样子,我满心欢喜地冲过去,继续在游戏中享受愉悦的感觉。

"

作者有话说……

3 岁宝宝逐渐脱离以自我为中心,学会真切地感受父母的爱、支持和伙伴关系,愿意在这种关系下延迟享受游戏和生活。在良好亲子关系中的延迟满足,本身就能给宝宝带来更充分的满足感、力量感、控制感及更持久的愉悦感,并成为宝宝成长的重要动力之一。

展开想象的翅膀

我骑着扫把在家里跑来跑去，想象自己在天空中飞翔，兴奋地对妈妈嚷道："我在蓝蓝的天上飞……我碰到了白白的云，云就像棉花一样软软的……这里有一只羽毛闪闪发亮的小鸟和我一起飞……阳光暖暖的，光芒照耀着我。"

妈妈拿起轻软的丝巾陪着我在房间里转来转去，"彩云在宝宝身边流过。"妈妈模仿着我的声音。"风吹过宝宝的脸颊。"我停下来，扬起自己的小脸感受丝巾带给我的感觉。"妈妈，你看，下面有好多房子，红色的房顶，绿色的房顶，金色的房顶……蓝色的房顶上有一只猫咪。""宝宝想和猫咪玩吗？""飞低，看猫咪。"我顿了一下，"猫咪有一只蓝色的眼睛，一只金色的眼睛。"我微眯眼睛，想象自己停在蓝色房顶上，抚摸猫咪时感受到柔软、顺滑的感觉。

> ## 作者有话说……

想象力是宝宝的天赋，是大脑创造性的工作，是智力开发坚实的基础。父母鼓励宝宝玩富有想象力的游戏，可以最大限度地帮助他们锻炼大脑，促进智力发展。

我爱积木

自从姑姑给我买了积木，我就经常摆弄它们。从最初只能搭两三块，到能搭十多块，再到现在用积木创造不同的事物。

我用黄色的大三角形和红色的拱形建造了一座大门；用黄色的小三角形、红色的正方形、红色的长方形和红色的小三角形摆了一只小鹿；用红色的正方形加上红色的三角形建造了一座小房子；用白色的长方形、绿色的正方形、白色的三角形建造了一座城堡……

我坐在爬爬垫上，认真地摆弄着自己的积木。从堆叠积木到用积木创造，积木带给我太多的惊喜，把我小脑袋里的幻想变成可以实现的东西，也让我变得越来越聪明。

> **作者有话说……**
>
> 宝宝需要通过搭积木、画画等建构游戏促进认知、感觉、运动、抽象思维、大脑连接的发展。在搭积木时尽量让宝宝自主玩耍，除非宝宝主动提出帮助，父母不要要求宝宝一定搭出具体的形象。

在"过家家"游戏中建立关系

我和布布、土豆、秋秋四个人一起玩"过家家"的游戏。土豆说他是爸爸,我是妈妈,布布是老师,秋秋是宝宝。

秋秋不想当宝宝,我不想当妈妈,于是我们互换了角色。土豆说爸爸就是坐在沙发上什么也不用干,我们三个都不同意。土豆只能眨巴着水汪汪的大眼睛看着我们,让我们给他出主意。"爸爸做饭。"布布说。"爸爸开车。"秋秋说。"爸爸讲故事。"我说。"可是我都不会啊。"土豆沮丧地说。我们三个人也有些不知所措,我们也不会,没办法教土豆如何扮演爸爸的角色。

不过,我们想了一下,就又欢快起来,我们的确不会,本来就是假装的啊。想通了之后,游戏自然就进行下去了。土豆开起我的玩具车载着我去"学校",秋秋拿起我的玩具锅铲像模像样地做饭;布布则在黑板前模仿老师讲课的样子……

作者有话说……

"过家家"是提升宝宝社交、语言、感觉、思维综合能力最好的游戏。如果使用道具,还可以促进宝宝认知、运动等能力的发展。父母要尽量帮宝宝创造"过家家"的机会。

运动游戏让我更快、更协调、注意力更集中

爸爸妈妈和我一起玩萝卜蹲的游戏,我是红萝卜,妈妈是白萝卜,爸爸是绿萝卜。爸爸先说:"绿萝卜蹲,绿萝卜蹲,绿萝卜蹲完白萝卜蹲。"边说边蹲下来,然后站起来指着妈妈,妈妈接着说:"白萝卜蹲、白萝卜蹲、白萝卜蹲完红萝卜蹲。"妈妈也蹲下来站起来指着我。我跟着说"红萝卜蹲,红萝卜蹲,红萝卜蹲完绿萝卜蹲。"说着我也蹲下站起指着爸爸。如此循环往复,中间我还摔了个屁股蹲,我实在太开心了,根本感觉不到疼,爬起来继续玩。我指着妈妈说:"绿萝卜蹲,绿萝卜蹲完……"说着说着我就意识到自己错了,尴尬地笑着凑到妈妈身边,妈妈也跟着我笑了起来,接着爸爸也笑了起来,一家人抱着笑成一团。其实,即使我不出错,游戏也玩不下去了,因为我的小胖腿已经酸得支持不住了,妈妈也感觉累了,只有爸爸的体力还好得很,还说要再玩几分钟。

> ## 作者有话说……

"萝卜蹲"等运动游戏能提升宝宝的大运动能力、语言能力、反应能力、注意力、前庭平衡能力、身体运动协调能力、结构和空间知觉能力、身体协调能力等,同时也可以作为一种日常运动,使宝宝身心更健康。类似可以在家里玩的幼儿运动游戏还有"小狗找朋友"——宝宝扮演一个小动物通过各种障碍物前往各个动物朋友的家;"小蜗牛找食物"——宝宝腿上套一个袋子,蠕动着爬向食物;还有原地拍球、运球走、抛接球、跳羊角球等游戏。

我的触觉很敏感

因为妈妈从我很小的时候就给我做亲子按摩,所以我的触觉特别敏感,即使闭着眼睛我也能清晰地感受到触碰到的物品的大小、形状等。

不过,为了提高我的触觉灵敏度,妈妈还是经常和我玩"猜猜猜"的游戏。

妈妈蒙上了我的眼睛,在我手边放了五样东西,拉着我的小手触摸第一个物品:"宝宝,这是什么?""网球。"我想也不想地回答,这对我来说一点难度都没有。妈妈接着把我的小手放在第二个物品上:"这是什么?""苹果。"我都闻到苹果的香味了,话说真的有点想吃苹果呢,这个想法让我有点儿心不在焉,以至于妈妈问我第三个物品的时候,我脱口而出的是:"宝宝吃苹果。"妈妈耐心地再次问我:"过会儿吃苹果,现在宝宝说这是什么,好不好?""梨。"这根本难不倒我。妈妈加快了速度,很快问完了第四个和第五个物品——橘子和毛线球。

我们完成了这个游戏,在一旁观察的爸爸开心地说:"我们的宝宝真的很棒。"

我当然棒了,因为我的爸爸妈妈足够好啊。从我很小的时候,你们就给我做婴儿操、抚触训练,所有努力都不会白费。

　　宝宝蒙眼进行"猜猜猜""触觉刷"等游戏或训练，通过手的触摸来认识物体的性质，可以让宝宝体验到用视觉之外的方式认识物体的喜悦，以提升感觉统合能力。

是游戏也是学习

结束了触觉游戏，也到了我的加餐时间。刚才妈妈已经答应我吃苹果，就不会食言。妈妈问我："宝宝想吃苹果，能不能告诉妈妈这里有几个苹果。""1、2、3、4、5、6。"我点着苹果。这是 3 岁宝宝数数的特点，只能一个个点出来，无法像大宝宝一样直接说出有几个。我点完苹果，一块切好的苹果就递到了我手里。

吃完苹果，我又对妈妈说："我想喝好多水。"，可是妈妈担心我刚吃了生冷的水果，再喝热水对肠胃不好，就拿了一个细细的小瓶子给我。我还无法理解体积的概念，只能本能地认为细高杯子比短粗杯子水多，还以为妈妈给了我很多水呢。

吃饱喝足，妈妈接着和我玩数字游戏，妈妈击掌，让我报数字。刚开始妈妈击掌的节奏很有规律，击掌 5 次，我马上就跟着报数字："1、2、3、4、5。"完全没有难度。然后妈妈击掌 2 次，我马上报出："1、2。"

我感到有些无聊，这算什么游戏。

看出我在走神，妈妈开始变换节奏击掌，或快或慢，或轻或重，击掌 7 次，我报："1、2……3、4……5、6。"妈妈并没有马上指出我的错误，而是重复击掌，我意识到自己漏了一次。当我意识到游戏并没有那么容易的时候，我微微前倾身体，双目炯炯地盯着妈妈的手，小嘴随着妈妈手的律动，报着一个个数字。当然，作为 3 岁的宝宝，我的注意力也只能持续 10 分钟。妈妈当然知道这一点，10 分钟之后，我的游戏又变成了"数字操"。

妈妈一边说"1"，一边站得笔直，我也学着妈妈站得笔直。然后妈妈一边说"4"，一边用手掐腰，比出"4"的形状，我也努力掐起自己的小肥腰。这个动作有些难，谁让我是个胖宝宝呢。好在妈妈并不在意我的动作是否标准，只是为了让我建立关于数字的概念。

"数字操"之后，我不想再按照妈妈的想法做游戏了，而是一边拉着妈妈，一边从玩具箱里拿出好多毛绒玩具。妈妈问我："这里谁的个子最高?""熊熊个子最高，兔兔个子最矮。"妈妈陪我玩，我也乐意回答她的问题。"小熊和小兔谁在亮的地方，谁在暗的地方。"这个问题有些难度，我回答不了。妈妈微笑着替我回答："兔兔待的地方比较亮。"我看了看熊熊，又看了看兔兔，暗暗记住，原来这样是亮，那样是暗。当然，学习新知识并非一蹴而就，需要老师和爸爸妈妈反复教导才可以牢牢扎进我的心里。

吃也吃了，玩也玩了，学也学了，我终于感到了疲惫，安静地仰面躺在垫子上，听妈妈给我讲故事。

3 岁宝宝需要更多的"食粮"——不仅仅是更为丰富的食物，还需要多种多样的精神食粮。具有不同天赋的宝宝需要的精神食粮不一样，空间感受力强的宝宝更喜欢搭积木之类的游戏；社交能力强的宝宝喜欢"过家家"之类的游戏……逻辑能力、语言能力、自知力、社交能力、音乐、身体协调性好的宝宝也有各自的游戏偏好。

因此，父母需要在宝宝学龄前阶段通过游戏学习，强化宝宝的优势，改善宝宝的劣势。如果有条件，父母要尽量带宝宝做数字游戏、找不同、比大小等可以促进宝宝数学和逻辑能力的游戏；用亲子阅读提升其语言能力和逻辑能力；邀请其他小朋友和宝宝玩"过家家"等游戏提升社交能力、语言能力……

亲子阅读很重要

妈妈更想让我成为一个有智慧的小淑女,但看到我伸开手脚仰面朝天躺在沙发上的样子并没有指责,更没有训斥,而是心平气和地对我说:"宝宝,想不想听妈妈讲故事啊。""想! 我最喜欢听妈妈讲故事了。"妈妈拿出一本书,让我舒舒服服地坐在她怀里。故事很精彩,图画很有吸引力,我的注意力完全投入到了书中。

这是一个关于粗鲁孩子和文雅孩子的故事,妈妈特别强调了粗鲁孩子发现文雅孩子在社区里更受欢迎的时候,慢慢改掉了自己不注意形象的毛病,赢得了朋友和邻居们更多的赞扬和鼓励。

故事虽然很精彩,但我并没有完全理解书中的内容,眨着眼睛半信半疑。妈妈知道教育并非是一蹴而就的事情,故事讲完了,并没有顺势给我讲大道理,但懂礼仪、讲礼貌的"种子"已经种下,妈妈会在将来不断地通过故事、游戏和训练为"种子"浇水、施肥,让它在我心中长成参天大树。

"

作者有话说……

亲子阅读、讲故事是帮助宝宝学习情绪管理、社交技能、思维技巧、了解他人和世界的好方法。父母用故事给宝宝讲道理,远比对宝宝说"遇人要有礼貌,不能打人……"有效得多。

日益强壮的宝宝

养成好习惯的宝宝更可爱

我已经不是圆滚滚的婴儿了，身高 99 厘米、体重 18 公斤的我在同龄宝宝中也只属于中等偏上水平。我变得更加强壮，现在我可以走直线、可以蹦、可以跳、可以投掷，甚至可以骑三轮小童车。免疫力也有所提高，比起小宝宝更少感冒。有了更好的体力和耐力，我可以搬着重东西跑来跑去。妈妈说是时候给我养成良好的饮食、睡眠和生活习惯了。

每天晚上妈妈会和我玩 30 分钟安静的游戏，最近我特别喜欢和爸爸妈妈一起玩积木。现在我能用积木拼出更多东西，不仅能拼出小房子、小车，还能拼出大城堡、动物园等。

八点半，妈妈准时给我洗漱；九点，让我上床，然后边轻拍我，边给我讲故事。我现在已经能完全听懂故事了，却仍然喜欢在睡前反复听同一个故事。最近，我喜欢反复听《小马的故事》。妈妈问我烦不烦，我摇摇头。

虽然我已经可以讲故事给妈妈听了，但每天听同一个故事对我而言也是一件好事情,这不仅让我感到安全,更能让我从故事中汲取更多有益的知识。比如通过反复聆听同一个故事,可以让我学会更多词汇、语句和处理问题的方法。

妈妈有节奏地轻拍着我,我困得不行,要睡了……我在妈妈温柔而坚定的抚慰下进入了梦乡。

早晨六点半,我准时醒来,睡得真是太舒服了,不想起床。妈妈温柔地抚摸着我的脸颊,然后轻轻抱起我。我在妈妈怀里揉着眼睛,慢慢醒过来。凉凉的毛巾敷在我脸上时,我已经完全清醒了。洗脸、刷牙、穿衣服,一整套洗漱之后,我愉悦地拉着爸爸出门晨跑,正好是六点四十五分。说是晨跑,其实就是我跟在爸爸身后,跑来跑去。早晨的空气真好啊,跑了一圈心情更加美妙。

七点,我快乐背上小书包跟着妈妈去上学。

七点半,进入幼儿园,晨检、吃早饭、上课、做游戏,一切都刚刚好。

下午五点,奶奶来接我,一路上我叽叽喳喳地跟奶奶说着一天发生的事情,浑然不觉走过了小吃店、玩具店……所有的一切都没有分享幼儿园一天的趣事对我更有吸引力。

　　父母要引导 3 岁宝宝养成良好的生活习惯、饮食习惯和睡眠习惯。在宝宝睡前半小时，不要再给宝宝吃喝，也不要让宝宝跑来跑去，要把灯调暗，玩安静的游戏，讲故事、唱摇篮曲。让宝宝感到舒适、宁静，有助于建立有规律的睡眠节奏。不仅对宝宝的身体成长有利，也助力宝宝安全感、秩序感、稳定感的增长。

吃饭也是训练

上了幼儿园,我基本上可以自己按时吃三餐了。不过,周末在爸爸妈妈身边我还是喜欢挑三拣四。

早上妈妈做的是西餐,有我最近一直要吃的小熊松饼、苹果、燕麦核桃牛奶粥。我偏不想吃松饼,妈妈觉得我有点儿无理取闹,可我也不知道为什么对松饼失去了兴趣。我眼巴巴地看着妈妈手里的面包,妈妈看我可怜兮兮的样子,心一软就把面包递给了我。

理解我的妈妈最好了!

吃过早饭,爸爸妈妈带我下楼玩。早晨的阳光照在身上,我惬意地眯起眼睛,转起了圈圈。花园里的花、草、猫、蝴蝶、甲虫都是我喜欢的。所有的一切让我玩得不亦乐乎,真是美妙的时光啊!

快乐玩耍之后我感到饥肠辘辘,让我不禁想起了那些有着花花绿绿包装的糖果、巧克力、小点心。刚到家我就趁着妈妈不注意,赶快抓起一大块巧克力,谁知我的小手刚刚伸向它,一双有力的大手就抓住了我。我仰着笑脸冲着爸爸笑,爸爸不为所动,我只能妥协:"两块巧克力。""只能吃一块。"爸爸可不惯着我。"两块。"我伸着肉肉的小手,试图比出二,可惜不太标准。爸爸笑了,但还是坚定地说:"我们不是说好了每天只吃一小块吗?"我舔了舔嘴唇,还是妥协了,伸手从爸爸手里拿了一小块。虽然我不太明白为什么不能想吃就吃,但还是乖乖地按照爸爸妈妈制定的规则来。

我家的一日三餐都很准时,十一点半就开始一起做饭。我太小了还无法学习炒菜,但起码我会择菜,我用肉乎乎的小手把一片片菠菜叶子从菜梗上择下来,收获了妈妈的称赞。

在我们的共同努力下,十二点半准时做好了饭。妈妈做的饭最好吃了,香喷喷的菠菜饼,弹滑的鸡蛋羹,土豆炖牛腩炖得恰到好处,还有清香的丝瓜虾米汤。不知不觉我的小肚子变得鼓鼓的。妈妈担心我吃得太多会积食,爸爸却说:"没有关系,宝宝吃饱了就会停下来,她可聪明了,是不是,宝宝?"

爸爸真是太了解我了,我拼命地点头,全身都随着晃动起来。

"你就惯着她吧。"妈妈不满地向爸爸说道。

"不是娇惯宝宝,3岁的宝宝已经知道饥饱了,我们宝宝又不胖,多吃点儿没关系。"爸爸解释道。

"其实我也知道,只要保证宝宝三餐按时就可以了,可就是有各种担心。"妈妈有点小幽怨。爸爸笑着对妈妈说:"那是因为母女连心,妈妈很难在养育宝宝的过程中保持理智,这时就需要爸爸上场了,对吧?"我不太明白爸爸的意思,不过点头就对了,我是不是特别机智呢。

作者有话说……

吃饭也是宝宝成长中重要的训练之一。

爸爸妈妈需要注意以下几点。

1. 三餐两点要尽量按时,宝宝吃饭的时候要专心,即使宝宝没有吃完,过了用餐时间也要把饭拿走。

2. 逐渐让宝宝尝试新的食物,允许宝宝在同类食物中做选择,但不要当着宝宝的面说类似"宝宝不吃这个、不吃那个"的话。

3. 尽量不吃油炸食品,高糖、高油食品,冷饮等。

4. 用低脂奶制品为宝宝补充钙和蛋白质。

5. 多吃新鲜水果、蔬菜,如果宝宝不喜欢吃,要和其他宝宝喜欢的食物搭配,让宝宝对蔬菜产生兴趣。

6. 吃饭的时候营造温馨愉快的就餐氛围。

如果我"画地图"

今天晚上睡觉感觉不太对劲儿，我梦见自己被泡在水里，身上湿漉漉、冷冰冰的，"妈妈，宝宝不舒服。"我在睡梦中低声嘟囔着。妈妈在我的低语中醒来，摸了一下我身下，发现原来是我"画地图"了。她没有叫醒我，打开小夜灯，快速给我换了衣服和褥子，轻轻拍着我的后背。这让我感到十分安慰，很快再次入眠。早上醒来，想起自己画的"地图"，我不好意思地低着头，企图逃避尴尬。幸好妈妈给我一个温柔的拥抱，让尴尬化为烟尘，被一阵风吹走了。

> ## 作者有话说……

宝宝常见的睡眠问题包括夜惊、噩梦、尿床、梦游、梦魇、说梦话，个别宝宝还会因为玩得太兴奋而推迟睡眠时间。这些情况通常是无害的，多数会随着年龄增长而消失。只要在宝宝睡前半小时让宝宝安静下来，在宝宝感觉不适时给予安抚，安装防护栅栏和铃铛防止跌伤，就能解决宝宝大部分的睡眠问题。只有宝宝持续噩梦超过 6 周或者在 7 岁之后还尿床，才需要医生的特别帮助。

我变得越来越能干了

我的精细动作发展得很好，现在我不仅会系鞋带，还会用安全剪刀剪东西，甚至可以自己把水倒进小杯子里，还会自己吃饭，自己上厕所，我还能画圈圈和画"丁老头"那样的火柴人。

我会做"好事"，当然也会做"坏事"。

我喜欢拿着彩笔画画，所以家里的墙面可遭殃了，到处都是我用彩笔画的图案。爸爸妈妈只能专门为我准备一面墙，贴上白板供我画画。让我的个人作品——弯弯曲曲的线条，歪七扭八的点点、叉叉都呈现在这面墙上。我经常会指着一个圈加上一个竖线，告诉爸爸："这是爸爸。"我还会指着两个圈加上一个竖线，告诉妈妈："这是妈妈。"

爸爸妈妈从来都是欢天喜地接受我的任何作品，因为他们知道不论我画得如何都是爱的表达。

作者有话说……

3 岁是宝宝创造力发展的重要阶段，宝宝的精细动作得到了初步发展，尤其喜欢画画。父母可以专门为宝宝准备一面墙，让宝宝自由发挥。

此外，让宝宝和父母分享自己的成果，也有助于宝宝从父母身上学习如何建立和发展人际关系。

爸爸说话要算话

我的大脑在未来三年里还会飞速发展,不过现在它的重量已经接近妈妈的90%了。所以,我的记忆力、思维能力、语言能力都在迅猛发展。

我已经能使用上千个词汇了,虽然有时候我说话还有些颠三倒四,经常出现语法错误,但是我已经能够有意识地通过说话表达自己的想法、需要和情感。

前两天我就跟爸爸说:"我想看大老虎,周日爸爸、妈妈、宝宝一起去看大老虎。"这明确表达了我想和爸爸妈妈一起去动物园的意图,爸爸自然爽快地答应了。

谁知周日早上起床后,我居然没有看见爸爸。妈妈说他一大早上就出去了,忘了对我的承诺。我跺着小脚大哭起来:"爸爸说话不算话,坏爸爸,坏爸爸……"即使妈妈给我温柔的拥抱也不能浇灭我胸中的怒火。爸爸总说说话要算话,可是他怎么就食言了呢?

面对生气的我,妈妈没有像往常一样安抚我,而是静静地在我身边做自己的事情。无法引起妈妈的注意,我只能抽噎地蹭到妈妈身边求安慰。妈妈用如水的双眸看了我一会儿,轻声对我说:"爸爸忘记了和宝宝的约定让宝宝生气了?"我拼命点头。妈妈接着问:"宝宝希望爸爸遵守自己的承诺是不是?""说话要算话!"我大声说。"宝宝期望爸爸妈妈说到做到是不是?"妈妈回应我。"等爸爸晚上回来,爸爸妈妈和宝宝一起约定如何做到说话算话,如果食言怎么办,好吗?"我不解地扬起小脸凝视着妈妈。妈妈继续解释道:"我的意思是,爸爸、妈妈、宝宝都要说话算话,我们把自己的承诺写下来,提醒自己遵守承诺。不论是谁食言都要受到惩罚,怎么样?"我歪着小脑袋思考着妈妈说的话,一时间也没有得出什么结论。对我来说,做出这样的决定还是颇有难度的。

晚上,我们一家三口吃过饭,一起坐在沙发上讨论今天发生的事情,并由妈妈执笔把我们各自的承诺写下来,贴在冰箱上,这样我们每天都可以看到这些承诺,再也不会随便忘记了。当然,这意味着爸爸妈妈要谨慎许诺,我也不能随便耍赖了。

> ## 作者有话说……

3岁的宝宝虽然年龄小,但随着神经系统的发展,在一定程度上能理解标准、规则、愿望、需要。受父母的影响也有了自己不稳定的评价标准,知道自己和他人的行为和想法是否和规则相悖。也能初步区分自己在各种情景下的情绪,比如愿望不能被满足的愤怒,获得成就的骄傲,犯了错误的内疚与羞耻等。父母可以和宝宝讨论、分享想法及情绪(注意不要分享强烈的情绪)。这样宝宝就可以逐渐学会和家人分享自己的情绪和感受,有利于培养孩子良好的沟通能力。

不要让我感到混乱

今天姑姑来我家，又给我带来好多玩具，其中有一副绿色的眼镜，看上去很酷。在姑姑的帮助下我得意地戴上它，东张西望。这时姑姑递给我一杯牛奶，我疑惑地看着这杯"绿色"的牛奶，有点不知所措。这时姑姑问我："这是什么颜色的呀？"我迟疑地说："绿色的。"姑姑继续逗我："牛奶不是白色的吗？"因为我看到的就是绿色，所以我坚持道："这杯牛奶是绿色的。"

这时爸爸走过来对姑姑说："不要这样逗宝宝，她会感到混乱的。"

"是呀，我现在还在疑惑牛奶怎么一会儿是白色的，一会儿是绿色的呢？"我想。

这时爸爸出马了，他找了一片红色的镜片，一片绿色的镜片，然后蹲下来认真地向我演示不同镜片放到我眼前产生的不同效果，我明白了牛奶一直都是白色的。而且爸爸通过做小实验，还在我的内心深处埋下了一粒科学的种子。

作者有话说……

3岁的宝宝没有办法区分表象和现实，父母可以在生活中有意识地通过做实验、讲故事等方法，让宝宝逐渐学会区分表象下的现实，而不是胡乱逗宝宝，造成宝宝感知上的混乱。

在冲突中成长

在日常生活中,我越来越有自己的主意,并因此和妈妈产生不同意见。

妈妈拉着我的手在夕阳下散步,我一边欢快地和妈妈聊着天,一边左顾右盼。一只花喜鹊从头顶飞过,落在远处的大树上叫了几声。妈妈指着它笑着对我说:"宝宝你看它的叫声像不像你,叽叽喳喳的。"我歪着小脑袋想了想,没有想明白自己怎么就和喜鹊一样了。不过还是喜欢妈妈把我比作惹人喜爱的喜鹊,于是朝妈妈点了点头。

又看了一会儿喜鹊,我们继续向前走。我一眼看见玩具店开着门,想也不想就兴冲冲地跑了进去。一座和我差不多高的粉色娃娃屋吸引了我。娃娃屋就像真的房子一样,有卧室、客厅、卫生间……房间里所有的家具也是粉色的,粉色的床、沙发、梳妆台……我伸出小手,小心地抚摸着娃娃屋粉色的窗帘、衣柜。满心都是想把娃娃屋带回家的欲望。

我跑向妈妈,拉住她的手,扬起笑脸,指着娃娃屋对她说:"妈妈,我想要这个娃娃屋。"妈妈看了看这个庞大的玩具,似乎被我的要求震惊了。她想了想,没有立刻拒绝我,而是领着我朝童车区走去。我意识到,妈妈这是在试图转移我的注意力。

我在妈妈身边绕来绕去,不断恳求她去看娃娃屋。妈妈尽可能耐心地劝我:"宝宝不是想要一辆车吗?"

"宝宝要娃娃屋！"我强烈坚持。

"这个娃娃屋太大了。"妈妈坚持道。

我不高兴地坚持说："宝宝就想要娃娃屋。"当意识到妈妈真的不会妥协时，我哭了起来。妈妈没有像我小时候那样安抚我，只是把我抱出玩具店，在路边的椅子上坐下来，目光坚定地看着我。

我哭了好久，妈妈既没有骂我，也没有任何妥协的意思。这让我感到很受挫，只能悻悻地止住哭泣，坐在妈妈身上抽噎。幸好在我止住哭泣之后，妈妈温和地对我说："妈妈知道宝宝很喜欢粉色的东西，妈妈愿意在条件允许的情况下尽量满足宝宝的愿望。"妈妈的理解让我的受挫感得到了缓解，不再那么难受了。

虽然，我还很想要娃娃屋，但现在看不到它，我的注意力很快就被蹦蹦跳跳的小麻雀吸引了。

❝ 作者有话说……

　　3 岁的宝宝正逐渐用自主替代完全的依赖，成为一个真正的个体，需要的爱是父母保护下的自由和秩序。因此，宝宝会尝试与父母在生活中发生一些冲突，以确认自我的存在感和与父母相处的边界，以建立自己的秩序和规则。

我要做主

早晨我从睡梦中醒来，没有看见妈妈，我想妈妈应该在厨房给我做早饭，就自己在衣柜里找出一条小花裙穿上，美滋滋地在镜子前面转了几个圈，然后跑到厨房问妈妈："妈妈我漂不漂亮？今天我会一直很漂亮。"妈妈低下头，认真地看了一下，微笑着对我说："宝宝自己穿的衣服吗？真漂亮。"我像一只小蝴蝶围着妈妈跑来跑去。

这时爸爸走进来看了看我，皱了皱眉说道："今天穿裙子会有些凉吧。"我太喜欢穿这条裙子了，于是急切地反对爸爸："不凉。"爸爸看了看我，又看了看妈妈。妈妈说："宝宝承诺一天都漂亮。我们可以试着给宝宝选择权。"然后转向我："妈妈知道宝宝想穿这条小裙子，但是今天降温了，可能会有点凉，我们在外边套一件小外套，可以吗？"听到还可以穿裙子，我自然没有话说，愉快地答应了妈妈的要求。

作者有话说……

随着年龄增长,宝宝将越来越喜欢自己做决定,当父母与宝宝有不同意见时,直接说"你不能这样做"或"你必须那样做"会让宝宝感到和爸爸妈妈沟通的途径被堵住了,会因此产生愤怒、失望等情绪。

因为,宝宝希望父母为自己的成果感到骄傲,发出具体真诚的赞美。宝宝会把从父母那里学到的赞美方式分享给身边的人,从而学会建立更为积极的社交关系。

小知识

　　3岁宝宝的主要心理特征是谋求自主，学习建立与家庭内部成员的边界和规则，成为一个独立于爸爸妈妈之外的个体。发展出具有自信、自律，富有同理心、好奇心、想象力和创造力特点的性格特征。如果在这个阶段，父母太过严苛，宝宝可能会形成固执、占有欲强、过于完美主义、过度猜忌、过分谨小慎微的性格特征，身体方面容易出现胃肠道反应，如便秘；而爸爸妈妈过于放纵，则易于发展出贪婪、嫉妒、自卑、奢侈无度的性格特征。

幼儿园中班宝宝精力旺盛，对一切充满了好奇，是开始艺术学习的最佳时机。这时的宝宝也具有了初步共情能力，有能力在父母的引导下初识情绪管理。此外，带宝宝做一些和提升注意力有关的游戏，也有助于宝宝注意力的形成。

我是中班的大朋友

迷人的宝宝

我能准确描述自己的形象了

今天我就上幼儿园中班了，又要见到好多小朋友，这让我感到很兴奋，一大早就催着妈妈送我上幼儿园。进入教室，我很快就和布布、土豆玩在一起了。直到老师拍手我们才闭上小嘴巴，坐到小椅子上跟着老师上语言课。

今天的语言课老师让小朋友们学着做自我介绍。这对有些小朋友有些困难，但对我来说完全没有难度。我大大方方地在小朋友们面前进行自我介绍："我叫孟萱，四岁半了，和爸爸妈妈住在一起，是一个爱哭又爱笑的漂亮小女孩，所有人都喜欢我。妈妈说希望我没有烦恼，所以用萱草的'萱'字作为我的名字。我的性格既有开朗、乐观的一面，也有自信心不足的一面。我喜欢吃面条，喜欢小狗、猫咪。我最喜欢看蚂蚁上树，我会背儿歌，也会背古诗，还会讲故事。我跑得很快，比所有小朋友都快。我的辫子很粗，又黑又亮……"

多数 4 岁的宝宝有能力描述自己的身体特征、爱好、家庭成员等，但思维跳跃缺乏逻辑联系，偏向对自己做出全或者无的评价，常常高估自己，也有少数宝宝容易低估自己。父母需要通过观察和倾听宝宝的自我描述，并根据宝宝的特点，有针对性地提升宝宝自我评价能力和社交能力。

我是好奇宝宝

回家的路上，我看到花坛里有一簇毛茸茸的白花，一阵风吹来，花散开了，一朵朵小伞就像在空中轻盈舞动的精灵。我内心深处最柔软的东西一下子被触动了。我跑过去，凝视着它们，追逐着它们。一朵"小伞"落在我手里，我小心翼翼地举着，跑向妈妈问："这是什么？""蒲公英的种子。"妈妈很快给了我答案。"蒲公英的种子为什么会散开？"我继续问道。"因为蒲公英要乘风飘到新的地方孕育生命。"妈妈继续答道。"为什么要到新的地方孕育生命呢？"我刨根问底。妈妈点着我的脑门说："宝宝怎么有这么多问题？"她想了想，轻轻唱起了："我是一颗蒲公英的种子……"歌声轻灵，轻轻敲击着我的内心，让我暂时忘记了所有问题。

回到家里，妈妈马上找出《十万个为什么》继续给我解答关于蒲公英的秘密。然而，我的好奇心超出了书上的答案，看着妈妈头痛的样子，我也有些郁闷。

我决定换一个事情做，拿起妈妈的手机，熟练地解锁，找到可爱的动画片，津津有味地看了起来。动画片太精彩了，不知不觉间已经看了 30 分钟。

我仍然不想停下来，企图和妈妈讨价还价让我多看一会儿。而妈妈早已熟悉了我的套路，熟练地用绘本吸引了我的注意力。和动画片相比，绘本更容易激发我的想象力，我很快就忘了动画片，转而想像自己像书中的小动物一样乘着蒲公英飞翔。

看了一会儿书，我又跑进厨房给妈妈帮忙，虽然在妈妈看来我是在捣蛋。我坐在妈妈身旁，像妈妈那样揉面。她无奈地给我洗了小手，并给我一小块揉好的面。我把面捏成一个小兔子的样子，尽管妈妈说根本不像，但我还是坚持说这是长着两只长耳朵的兔子，并强烈要求把它和其他馒头一起放进蒸笼。妈妈虽然嫌弃我捏的兔子丑，但还是把它放了进去。

吃饭的时候，我继续问各种各样的问题，爸爸妈妈都在我的凌厉攻势下败下阵来。只能拿出书和手机，和我一起查询问题的答案。

"

作者有话说……

随着社会化的发展，幼儿园中班的宝宝变成了好奇宝宝，对什么都喜欢问"这是什么""为什么"，什么事情也都想尝试一下。宝宝连珠炮似的提问，和对火、刀、剪等危险物品的旺盛好奇心常常令父母头痛不已。这是宝宝心智成长的必要阶段。为了满足宝宝成长的需要，父母可以借助书籍、游戏、动画片和宝宝一起探索问题的答案。

我爱模仿

视频里的小姐姐穿着飘逸的长裙,唱着美妙的歌曲,让我心生羡慕。于是我翻箱倒柜找出几块大大的布披在身上,假装自己也穿着美丽的裙子唱了起来。我边唱边扭动着自己胖胖的身体,想象着自己同样拥有那么曼妙的身姿。正在陶醉中,妈妈走进房间,发现我的装扮和胡乱堆了一地的东西,怒火一触即发。

看妈妈脸色不善,我慢慢向后退去,同时继续偷窥妈妈的脸色变化。当我发现妈妈的脸色正由浓云密布转向平静的时候,便像小鸟投林般地扑向妈妈。妈妈被我的行为逗笑了,但立即憋住笑,认真地对我说:"下次宝宝再想装扮可以和妈妈商量,和妈妈一起找东西,可以吗?"我看到妈妈严肃的表情,只能不太情愿地点了点头。"现在宝宝和妈妈一起把东西收好,可以吗?"妈妈接着说。我还想继续玩,并不想收拾东西,但是我知道如果我不按妈妈说的做还会被惩罚,只能停下来和妈妈一起收拾。

妈妈边收拾柜子,边问我:"宝宝愿不愿意和妈妈谈谈想怎么装扮自己?""像视频里的小姐姐一样,穿着漂亮的长裙子。"我举着手机给妈妈看。妈妈看了之后,挑出两条旧丝巾和一根发带,帮我系了几下,我居然拥有了一身美丽的装扮,太神奇了。我对妈妈顿时心生崇拜,暗暗下定决心和妈妈学习,让自己也拥有一双创造美丽的巧手。

4～5岁的中班小朋友,精力充沛,既特立独行又喜欢模仿。常常会模仿自己在电视和手机视频里看到的形象,男孩子喜欢扮演英雄,女孩子喜欢扮演小仙女。父母既要防止不良视频对宝宝的负面影响,又要满足宝宝的合理要求。当宝宝的需要被满足,不仅加强了亲子关系,宝宝的创造力也会得以发展。

请帮助我而不是批评我

现在我已经是一个大宝宝了,早上起来经常自己穿衣服,但是今天早上的衣服怎么穿也不舒服,我左扭右扭,直到爸爸走过来叫我吃饭我也没有穿好。爸爸看到我的样子,嘴角动了一下,似乎是想说什么,还是忍住没说。走到我身边,轻轻帮我把衣服脱下来,指着衣服上的标签说:"宝宝你看这是衣服的标签,把标签放到后面,你就能把衣服穿好了。"我笑了笑,马上拿起衣服穿了起来,这下真的穿舒服了。

> ## 作者有话说……

4～5岁的宝宝已经发展出内疚、羞耻、骄傲等与自我评价有关的情绪,又常高估自己的能力,还有很高的自尊心,受挫后常感到无助。所以,父母看到宝宝受挫的时候不要批评,说"你真笨"之类的话,而是帮助宝宝想办法解决问题。如果父母批评宝宝,宝宝就会感到伤心;相反,当父母帮助宝宝找到解决策略,不仅让宝宝学会一个解决问题的方法,还能让他们发展出更多积极情绪。

延迟满足也可以有爱

爸爸带我去超市买东西,在路过玩具区的时候,我看到一只玩具小兔子,它有着红宝石般的眼睛,雪白的毛,长长的耳朵和小短尾巴。我非常喜欢它,就像喜欢我的乐乐一样,我想把它带给乐乐,让乐乐有一个小伙伴。可是当我仰头看着爸爸时,他示意我把兔子放回架子上。我真的很不舍,这只小兔子太漂亮了,就像真的兔子一样。不过犹豫了一下,我还是按照爸爸的要求放下了小兔子。我拉着爸爸的手,回头跟小兔子说:"小兔子再见,我会记得你的。"

意想不到的是,几天之后在我过生日的时候,爸爸给我的礼物竟然是我喜欢的那只小兔子。爸爸妈妈一起搂着我说:"宝宝这么喜欢小兔子,让爸爸妈妈很感动,所以让小兔子来找宝宝了。"我抱着兔子,爸爸妈妈抱着我,我们一家三口被幸福围绕着。毛茸茸的小兔子让我的内心都变得无比柔软。我给小兔子起名图图,它和乐乐一样成了我们家的一员。

"" **作者有话说……**

4 岁的宝宝已经意识到父母是自己最重要的亲密关系,只要这个关系足够牢固,宝宝就容易延迟满足,当遇到自己特别喜欢却无法拥有的东西,也不会强求。如果父母能够在宝宝放下后满足他们的愿望,宝宝将会在意外惊喜中体验到幸福的感觉。

请回应我的爱

我开心地拿着自己画的画跑向爸爸，迫不及待地和他分享。可是爸爸完全没有注意到我，他正在烦恼地看着自己车上的划痕。我提醒他："爸爸，你看我的画。"哪知道爸爸突然向我发火："是不是你把爸爸的车划了？你怎么这么淘气！"我完全愣住了，汽车上的划痕跟我一点儿关系也没有，难道在他的眼中，我就是一个随便做坏事的小孩吗？难道我不是爸爸最爱的宝宝吗？难道他看不到我手上即将送给他的礼物吗？此时，我感到沮丧、愤怒、无助……负面情绪向我袭来。我的情绪完全失控了，只能无望地大声哭泣。

听到我的哭声，妈妈赶了过来。她一边轻轻地拍着我的后背安抚我，一边看着爸爸的车，对爸爸说："你看这个划痕很深，也比较粗，好像是钥匙划的，宝宝用钥匙是划不动车漆的。"安静了一会儿，我听到爸爸的声音："嗯，确实不像是宝宝用钥匙划的。"这时我听到爸爸说："来，宝宝，让爸爸看看宝宝的礼物好不好。""哼，臭爸爸，我才不会送你礼物呢。"我傲娇地转过小脸，拒绝和爸爸说话。爸爸还是自顾自地说："这幅画里画的是妈妈、宝宝和爸爸吗？"我仍然没有看向爸爸，心里却十分想让爸爸表扬我。如我所愿，爸爸接着说："爸爸很喜欢，谢谢宝宝。"

收到爸爸的感谢，我决定这次原谅他，虽然今天我真的很生气。

作者有话说……

从 2 岁开始,宝宝喜欢用自己画的画、吃过的小点心等各式各样的礼物,当作自己用心创造的珍宝,向父母表达自己的爱意,换取他们在收到礼物后的赞扬。

对宝宝来说,接受礼物就意味着爸爸妈妈爱自己,同时承诺向自己提供支持和保护。因此,父母对宝宝特殊礼物的积极回应为宝宝的自尊、自信和自主提供了养分;而父母频繁拒绝和嘲笑宝宝的礼物,则会损害宝宝脆弱的自尊心。

顺便说一下,我不太主张父母向宝宝道歉,因为对宝宝来说父母爱的回馈远比道歉更有用。

爱的三角关系

最近一段时间，我特别喜欢左手拉着爸爸，右手拉着妈妈。看到爸爸妈妈亲昵地坐在一起，我会着急地坐在他们中间，把他们分开；睡觉的时候也要睡在他们中间，而不是睡在自己的小床上。不过当爸爸妈妈有不同意见时，我更喜欢站在爸爸一边。

我越看越觉得爸爸是最帅的，所以我大声宣布："我要和爸爸结婚！"听到我的童言稚语，爸爸并没有一笑了之，更没有批驳我，爸爸说："我也爱你呀，宝宝。可是爸爸已经和妈妈结婚了。我们是美妙的三角关系，爸爸妈妈一起养育和保护宝宝，宝宝安心做好自己的小宝贝就好了。"

虽然爸爸这么说，但是妈妈却感到心里不好受，明明是自己生的女儿，怎么就"叛变"了呢。爸爸拿着《儿童发展心理学》跟妈妈说："不要难过，这说明宝宝打开了和妈妈之间的封闭关系，这样宝宝才能实现自我突破，健康成长。"

我并不明白爸爸话的意思，但爸爸的话就是让我有一种微妙的感觉——爸爸妈妈很棒，我会比他们更棒。

作者有话说……

4 岁左右的宝宝喜欢插入爸爸妈妈的关系中,还有可能出现女宝嫉妒妈妈,亲近爸爸;男宝拒绝爸爸,黏着妈妈的情况。甚至有的宝宝会宣称和爸爸／妈妈结婚。这时爸爸妈妈不要拒绝孩子爱的表达,同时要通过言语、故事、游戏等方法让孩子明白家庭成员之间的关系。

在家也可以做注意力训练

老师跟妈妈说,最近一段时间我总是在上课的时候坐不住,喜欢东张西望。妈妈也注意到我在家里也是坐立不安。经过一段时间的观察,妈妈发现我近期出现注意力不集中的主要原因有两点:一是,妈妈给我报了两个兴趣班——绘画班和舞蹈班,突然增加的课程让我感到压力,压力不仅导致我注意力不集中,还会导致焦虑,甚至啃起了手指;二是,最近为了安抚情绪,我吃了太多的糖果和零食。

于是,妈妈果断采取以下三个步骤改善我的注意力。

第一步 把我的零食精简为水果、原生态的奶制品及自制的健康零食。

第二步 和兴趣班老师沟通减少我每周的课程,为我减压,待我逐渐适应后再做进一步调整。

第三步 把一部分家庭游戏调整为改善注意力的游戏,如舒尔特方格、找不同、走迷宫、羊角球、大声朗读、走楼梯、手指游戏、萝卜蹲等运动、视听类游戏。

这些游戏可好玩了,其中我最喜欢手指游戏,每次做出新的花样都让我惊喜不已。这种热爱会持续到我长大成人,不仅可以增强我的注意力,还使我的大脑越来越灵活,越来越聪明。而且爸爸妈妈带我做这些游戏避免像其他小朋友专门花时间上注意力集中课程,为他们节省了时间和金钱,同时加强了我们的亲密关系。

> ## 作者有话说……

　　注意力不集中是宝宝成长路上经常出现的拦路虎之一,许多家长寄希望于专门的注意力集中训练班。专业的训练固然有效,然而多数宝宝的问题并没有严重到需要专门花时间上课的程度。家长只需要一些学习就能在家为宝宝提供有效的训练。

　　此外,帮助宝宝提升专注力,还要从饮食结构、生活环境和生活习惯等方面下手,能取得更理想的效果。当然,如果宝宝的问题比较严重,在家训练无效,还是要考虑专业的训练。

小知识

　　幼儿园中班的小朋友既令父母头痛又非常迷人。头痛的是宝宝对什么都充满了好奇，会层出不穷地提问；做事不过脑子，闯各种祸事；执拗、爱顶撞爸爸妈妈。迷人的是中班宝宝永远精力充沛，喜欢展现自己唱歌、跳舞、绘画等各种才能；喜欢模仿，会让人忍俊不禁，和爸爸妈妈各种爱的表达更使人心生暖意。

拼贴画让我张开想象的翅膀

各种漂亮的图画总会让我浮想联翩,编织出美妙的故事。当我把编织的故事讲给妈妈听,妈妈就会和我一起将故事用各种方法呈现出来,其中最常用的方法是拼贴画。

今天妈妈听到我讲了玫瑰花园的故事,就带着我动手把平时收集的细绳、毛线、小塑料片、彩纸片、烟盒纸、包装纸经过剪、揉、搓等方式做出我们想要的东西,然后再用胶水、胶带将这些东西粘在一张大大的白纸上,一个我想象中的花园跃然纸上。

这次我们做的是立体拼贴画,有玫瑰、喷泉、草坪、小亭子、栅栏、门,还有一座盖在花园里的小房子。在这个过程中,我一直叽叽喳喳地提出自己的想法,然后在妈妈的指导下这里添一点儿,那里涂一下,让花园变得越来越丰富多彩。最后我和妈妈还兴致勃勃地将这个花园装进盒子里保存起来。

作者有话说……

　　拼贴画是一种常见的幼儿智力游戏,爸爸妈妈和宝宝用平时收集的树叶、布头、纸片、羽毛等各种小物件一起动手创造出平面或立体的图画,既能锻炼宝宝的手部精细运动能力,也能锻炼注意力、创造力和想象力,还能增进亲子之间的亲密关系。

我的精力很旺盛

我有多喜欢和妈妈安安静静地做手工,就有多喜欢在户外蹦蹦跳跳。

现在我已经可以单脚跳几步了,还能跑来跑去,是真正的跑和跳,不是之前那种颠一下脚的假跑、假跳。我甚至学会了跳绳,虽然还跳不好,只能连续跳两三下,但在爸爸的鼓励下还是喜欢上了跳绳。

不过我没有太多耐心,跳了不到10分钟注意力就转向了一棵长着红彤彤果实的石榴树。我绕着树转了一圈儿又一圈儿。爸爸在旁边好笑地看着我,直到我跑累了像一只小狗蹲在树下托着肉乎乎的下巴向上看着石榴,他才过来抱起我,轻声对我说:"这些石榴是看的,不是吃的。""不是吃的?"对我这个小吃货来说,这真是一个令人悲伤的消息,我有点儿沮丧。不过很快我的注意力又被玩平衡车的小姐姐吸引了。小姐姐也看到了我,热情地招呼我和她一起玩。我也很乐意和小姐姐一起享受平衡车所带来的愉悦,我俩轮流戴着安全帽,轮流滑行在花园的小路上,整个花园都被我们银铃般的笑声充满了。

　　幼儿游戏要动静结合才能更好地促进宝宝身心全面发展。跑和跳是最简单的"动"的游戏，既能强健体魄，促进宝宝运动能力的发展，又能促进宝宝积极情绪的发展。儿童平衡车适合2～5岁，身高80～110cm的宝宝，可以提升手眼协调能力和平衡控制能力。需要注意的是，幼儿户外活动需要成人的关照和保护。

动静也能结合

爸爸妈妈为了我的健康成长可是花了不少力气呢。他们学了很多幼儿心理、健康和教育方面的知识，并付诸行动。他们每天轮流带我做各种有趣的游戏。有的动，比如跳绳、扔沙包……有的静，比如画画、亲子阅读……还有动静结合的，比如听词做动作。

这个游戏既能提升我的注意力，又能满足我活泼好动的天性，还能让我学会更多的词汇，提升语言能力。做游戏时，妈妈会给我说很多词语，并要求我听到植物拍拍手，听到动物踢踢腿，听到动词就做出相应的动作。

刚开始玩这个游戏时我经常出错，尤其是对那些不熟悉的词汇，比如听到"狐狸"我拍手，听到"蒺藜"我踢腿，听到"讨论"我伸手。但是随着游戏重复次数的增多，我对词汇掌握越来越熟练，专注力有了提升，正确率也越来越高。对得越多，我对游戏的兴趣就越高，每次玩游戏的时候，我就像一只小鸟欢快地围着妈妈转来转去。

"

作者有话说……

通过游戏让宝宝学习语言，不仅可以提升宝宝的学习兴趣，还能锻炼宝宝的注意力、身体协调力、思维和创造能力。

诗歌和谜语让我变得伶牙俐齿

"鹅鹅鹅,曲项向天歌……"

妈妈一边拿出一只大白鹅玩偶左右游动,一边教我背诵《咏鹅》。我睁大双眼,看着妈妈的表演,不自觉地模仿起来。我的脑海中也随之出现这样一幅场景——碧绿的河面在金色阳光照耀下波光粼粼,雪白的大鹅浮于水上,两只红红的脚掌飞快地在水下划动,身下留下一道道水线,白鹅游到兴起,引吭高歌。这首诗随着这个画面深深印入我的小脑袋里。

妈妈每天都不骄不躁地用这种游戏方法让我学习诗歌。诗歌就像水一样慢慢浸润我的内心,不知不觉我已经学会了几十首。

除此之外,我还学会了很多谜语,当妈妈问我:"麻屋子,红帐子,里面住着个白胖子。宝宝猜猜是什么食物呀?"我歪着头想了半天没有想明白,妈妈拿出一个胖胖的花生给我看,原来花生壳就是麻屋子,花生衣是红帐子,花生仁是白胖子。明白了这个原理,我慢慢学会从物品的外形、口感特征、生长规律等方面猜谜语了。当爸爸问我:"树上挂着小灯笼,绿色帽子盖住头,身圆底方甜爽口,秋天一到满身红。是什么水果呀?"我想了想就猜出了爸爸说的是柿子。当妈妈问我:"小鸭小鸭,脖长头圆,两脚划动,游在水面。是个什么数字呀?"我马上说出了是数字"2"。这些形象的谜语,让我掌握了更多事物的特点,学会从不同角度描述事物,锻炼了我的理解能力和思维能力。

作者有话说……

　　语言游戏不仅锻炼了宝宝的语言能力,还能训练宝宝的理解能力和思维能力。当宝宝的语言能力得到提升,也会带来更好的沟通效果,更好的沟通还能提升宝宝的社交能力,有社交能力的宝宝会变得更加自信。

琴棋书画不是为了炫耀

有时爸爸会带着我下五子棋,教会我基本规则之后,爸爸就放手让我自己下,可是我哪里是爸爸的对手啊,每次都输得落花流水。输得次数多了,我就会哭起来。妈妈抱怨爸爸:"你让宝宝赢一次行不行?"爸爸看我哭得上气不接下气,只能过来哄我。"宝宝不哭,爸爸教你怎么赢。""赢还能学?"我的眼睛一下子亮了,看着爸爸。爸爸俯下身,帮我复盘刚才的棋局。我并不能完全听懂爸爸的讲解,只能边和爸爸下棋,边学习爸爸说的方法。随着一遍遍的重复,我似乎明白了一些,不再输得那么惨了。这时爸爸不失时机地教育我:"宝宝当你了解了输的原因,就能改进自己的技巧,下次就会下得更好。"爸爸的话让我忽视了输赢,更多思考应该如何把棋下好,心情也变得好起来。

下了一会儿棋,我就想去画画。我画了一只蹲在树下大眼睛的小狗,然后迟疑起来,我左顾右盼期望得到爸爸妈妈的帮助。妈妈很快注意到这一点,问我:"宝宝想画什么呀?""小狗在树下躲雨。"我答道。"宝宝画的小狗很好呀。"妈妈不明白我想要什么样的帮助。"雨滴是一直落下来,还是斜着落下来?"我问道。"前几天刚刚下过雨,宝宝还记得那时雨滴是怎么落下来的吗?"妈妈引导我道。"刚开始是斜的,后来是直的。"我迟疑着回答。"宝宝注意开始和后来天气还有什么变化吗?"妈妈继续引导。"开始风很大,后来几乎没有风了。"我有点明白了。"风大的时候雨是斜的,风小的时候,或者没有风的时候雨滴的轨迹是直的。"

我决定给狗狗画直直的雨滴，本来就下雨了，如果还有风小狗会冻坏的。

作者有话说……

教宝宝琴棋书画不要太有目的性，而是帮助宝宝在游戏中获得乐趣，帮助心灵成长，提升宝宝对艺术的感知能力，促进多元智力的发展。例如，在下棋过程中可以锻炼宝宝对输赢的正确态度，提升宝宝抗挫折和解决问题的能力；在绘画中可以帮助宝宝观察和思考近似事物间的不同，引导宝宝画出来，这个过程可以锻炼宝宝的观察力、思考力和注意力……

像玩游戏一样做家务

今天妈妈说想吃韭菜馅包子，我在旁边接话说："妈妈我给你包包子吃。"妈妈说："好啊！"我突然意识到自己根本不会包包子，因此感到有些不知所措。妈妈也看出我的苦恼，但她笑而不语。我歪着小脑袋想了想，请求道："妈妈你能帮我吗？"妈妈的笑意更浓了："当然，宝宝要给妈妈包包子，妈妈当然会帮忙的。"接下来，妈妈帮我穿上小罩衣，搬好小桌子，放好小凳子，再放好面板、面粉、韭菜、鸡蛋、面盆、打鸡蛋的碗、筷子等一应物件。妈妈负责揉面、炒鸡蛋、切韭菜、擀皮、包大部分包子，而我负责在妈妈的指导下拌馅、包少部分包子。即便如此，包完包子我也累得仰面躺倒在沙发上。

不过当全家人亲手吃上我包的包子时，爸爸妈妈一起夸奖我，夸我是个有爱、有责任感的好宝宝，我感到这一切都是值得的。

"

作者有话说……

让宝宝从小养成做家务的习惯，有助于宝宝的均衡发展。需要注意的是父母不要让宝宝把做家务和金钱联系在一起，也不要说是帮家长做家务，也不用发小星星之类的奖励，而是要把做家务和乐趣、爱和责任联系到一起。

在亲子冲突中成长

　　我在自己房间里开心地玩着小喇叭，听着小喇叭的声音，我感到兴奋极了。正玩得开心的时候，爸爸冲过来对我大吼："安静，不要弄出这么大的声音！"我疑惑地看着爸爸，平时他不会这样。我有点儿担心，小心翼翼地挪动到一边，开始摆弄我的积木，不敢发出一点儿声音。我感到害怕，可是什么也不敢说。幸好爸爸注意到这一点，走进房间，不知道和妈妈说了什么。不一会儿妈妈走出来，温柔地抱着我说："爸爸没有生宝宝的气，宝宝不用担心自己做错了事情。只是今天爸爸上班累了，心情不太好，我们安静一些，让爸爸休息一下好不好。"我眨眨眼，似懂非懂，只明白了两点——今天不是我的错，爸爸还是爱我的，这就足够让我的心情好了许多。

　　可惜我有些记吃不记打，一会儿就又玩得忘乎所以了，把玩具丢得到处都是，没有收拾就跑去听故事了。当妈妈做好自己的事情，就看到我丢在沙发和茶几上的玩具。她生气地对我说："自己把玩具收好，我很累了，不想下班还要花这么长时间帮你收拾玩具。"我感到沮丧和不安，然而妈妈的话让我知道尽管妈妈吵我，并不意味着她不爱我。我一边把玩具收进盒子里，一边对妈妈说："我把玩具收好,等你不累了再和我玩,好不好?"也许感到我很乖,妈妈轻轻抱了我一下:"乖,先让玩具回家,等妈妈吃完饭再和你玩。"我自己收拾好玩具,耐心地等待着妈妈。妈妈没有食言,吃完饭就来和我玩,我们玩得很开心。

" 作者有话说……

宝宝会在良好的亲子关系中慢慢学会延迟满足,即使遇到爸爸妈妈的坏情绪也能尝试理解,并表达对爸爸妈妈的爱和关心,这是宝宝感受幸福的重要基石。

爸爸妈妈助力我成长

今天吃晚饭的时候，我跟妈妈说："今天甜甜对我大吼，她说不喜欢我，不再是我的朋友了！我跟甜甜说，我喜欢她，我们永远是朋友。"

妈妈吃惊地看着我，她告诉我她吃惊是因为这句话是两年多前她对我说过的。

我不记得妈妈曾经这样说过，我想是因为妈妈爱我，我爱妈妈，所以妈妈说的话深深地烙印在我的内心深处，在遇到同样的情境时，我会脱口而出。

看到妈妈脸上自豪而欣喜的表情，我知道做对了。不知为什么我感到有些害羞，不自然地转换话题："我喜欢吃炒虾仁，谢谢妈妈。"我用胖胖的小胳膊搂着妈妈，用小油嘴在妈妈的脸上印下一个油油的吻。

❝ 作者有话说……

幼儿的记忆并不长，但一些重要的、带给宝宝强烈情绪感受的事情、语言、情境还是会烙刻进宝宝的心灵深处，当宝宝遇到类似情况时，会不自觉地做出相应的反应。所以，父母要尽可能地用不同方式将持续、稳定的爱灌输给宝宝。这样，即使面对冲突，宝宝依然可以坚信爱的存在。

当我愤怒时

在从幼儿园回家的路上，我看到橱窗里诱人的羊肉串，指着香喷喷的肉串向妈妈讨要，谁知妈妈居然拒绝了我。我站着不动，妈妈还是拒绝了我，我心里想着："别的小朋友的妈妈都让吃，凭什么我的妈妈就不让我吃。"这让我的情绪从生气升级为愤怒。我冲着妈妈大声吼叫："坏妈妈！你就是很坏，我恨你！你滚开！"

妈妈严肃地看着我，我也不甘示弱地试图把自己的小手从妈妈的大手中抽出来，并继续吼叫："滚开！滚开！"妈妈没有因为我的愤怒而妥协，而是抱起我，快速带我回家。

回到家里我见到妈妈才买回来的红彤彤的大苹果，羊肉串就变得不那么重要了。我忘记了生气，趁妈妈在厨房忙乎无法注意到我时，抱起一个苹果卖力地啃了起来。

正啃得起劲爸爸也回来了，他看我怡然自得的样子不禁笑了起来，愉快地把我举起来。我被爸爸逗得笑了起来。听见我的笑声，妈妈知道我的情绪已经平复下来，可以和我谈一谈了，示意爸爸把我放到小凳子上，她也在我面前坐下来，平静而严肃地对我说："刚才你说'滚开'，妈妈感到不被尊重，很伤心，妈妈希望你下次遇到类似情况时可以更加平静地说'我为你不允许我吃羊肉而伤心'。"

"你不让我吃羊肉串,你不爱我,所以我也不想爱你!"我急吼吼地辩驳道。

妈妈则严肃地看着我说:"宝宝还记得我们看的关于食物的绘本故事吗?""故事不重要,好吃的食物才重要。"我心不在焉地想道。妈妈当然看出我并没有意识到自己的问题,拉着我的小手,尽可能让我把注意力收回来,耐心地给我讲关于食物的故事,很快我被故事所吸引,意识到苹果、鸡蛋、鲜鱼、青菜、米饭这些食物会让我更健康、快乐;而羊肉串、辣条、炸鸡这些食物吃多了会让我生病。妈妈鼓励我多吃健康食物,限制我吃一些食物是担心我生病,而不是不爱我。

"可是,羊肉串真的很好吃呀,上次土豆妈妈就给我们买了好几串呢。"故事还没听完,我就提出了自己的问题。"如果宝宝真的喜欢吃羊肉串,妈妈可以在家里给宝宝做。"妈妈和我商量。"我就想吃烤羊肉串。"我可不好糊弄。"一个月吃这么多,好不好。"妈妈用手比划出小小的一串。看得出妈妈愿意尊重我的想法,我快乐地扑向妈妈,在妈妈怀里露出开心的笑容。 妈妈拍着我的后背,温柔地说:"宝宝有什么想法都要好好说,乱发脾气是要受惩罚的。""好宝宝会好好说话。"我做出了自己的承诺。

幼儿园中班的宝宝已经可以察觉爸爸妈妈的情绪,也能说出自己的想法和感受。并会为了取悦爸爸妈妈而控制自己的情绪。不过这种控制并不稳定,当宝宝感到受到伤害时仍然可能出现情绪失控。这时需要父母帮助宝宝梳理自己的想法和感受,鼓励宝宝更多表达爱和积极情绪。当然,如果宝宝用骂人、摔东西、打人等不良情绪表达,家长是要对其做出如站墙角、面壁等柔性惩罚。

我不是在撒谎

我特别喜欢爬上爬下，就像大人们喜欢爬山、旅行一样。但是，这是需要付出代价的。有时我会摔跤，有时我会打坏东西。从我一两岁起爸爸妈妈就不厌其烦地矫正我的攀爬行为。怎奈攀爬太有吸引力了，我总是管不住自己的手脚。

今天趁着妈妈不注意，我又爬上了电视机柜，小脚一伸，只听"砰"的一声，把我吓了一跳。妈妈最喜欢的花瓶应声落地，我背着小手悻悻地向后退。

妈妈马上跑过来，看着一脸慌张的我是又好气又好笑，憋着笑，板起脸问我："你怎么把花瓶打碎了。"我绞着手指，胆怯地说："对不起，可是真的不是我干的，是小猫淘气。"我的意思是说，花瓶不是我打碎的，是家里刚刚抱来养的小猫打碎了花瓶，全然不顾小猫根本没有力气把花瓶踢下柜子的事实。

这下妈妈可真的生气了："好宝宝不能说谎！""我没有说谎！"我斩钉截铁地回应妈妈。妈妈更生气了，一把抱起我，照着我的小屁股就拍了两下。虽然只有两下，我还是疼得大哭起来。妈妈更生气了，大声吼道："哭？你还有脸哭？不听话还说谎。""没有说谎！"我边哭边喊。

我一直委屈地哭，妈妈也在一边生闷气，直到爸爸回来才打破我们母女间的尴尬氛围。爸爸把妈妈拉到一边说了一会儿悄悄话。

然后，爸爸走过来，蹲下身严肃地对我说："爸爸知道宝宝不是故意打坏花瓶的,但是宝宝不听爸爸妈妈的话,爬到电视机柜上就要受到惩罚。所以,现在宝宝要在'思考角'面壁30分钟。"

爸爸的严肃让我感到害怕,但爸爸坚定的眼神又让我感到安全。在爸爸的注视下我慢吞吞地蹭到"思考角",面对墙角,我沮丧地抠着自己的手指,心中暗想:"下次我一定听爸爸妈妈的话,不在家里爬上爬下了。"

作者有话说……

2～10岁的孩子会撒谎,会假装,但常常装着装着就把假装的东西当作真实的了。

当宝宝犯错的时候,经常会说"小猫打坏的""不是我干的"。爸爸妈妈不要急于将其定义为"撒谎"。

幼儿"说假话"有以下可能:将现实和幻想混为一谈;将愿望和实际混淆;想博得赞赏;害怕被惩罚。

父母要根据宝宝"说假话"的原因,有针对性地进行教育,找机会给宝宝多讲讲做了错事如何处理的故事,才能避免宝宝"说假话"。

幼儿园大班宝宝有强烈的求知欲，能在幼儿园老师及爸爸妈妈帮助下从思维训练、遵守规则、集中注意力、时间管理等方面为上小学做好准备。宝宝的个性初步形成，智力特点也初步显露，情绪管理初见成效。

幼儿园大班有些不一样

阅读让我更善于表达

当妈妈在做家务时，我坐在客厅的沙发上安静地读书。听不见我的动静，妈妈感到不放心，放下手中的活儿来看我是不是又在悄悄做坏事。当看到我在读书，妈妈松了一口气，柔声问我："宝宝在干什么呀?""在读书呀。"我欢快地回答。

"宝宝给妈妈讲讲读的故事好不好。"妈妈继续问我。"一只蚂蚁遇到一个超级大的西瓜，又叫来好多小伙伴，一起搬西瓜，还在西瓜皮上玩耍。"我边翻书，边讲给妈妈听。

妈妈愉快地回应我："听上去真的不错，小小的蚂蚁还搬得动大西瓜。"

听到妈妈积极的回应，我愉快地蹦到妈妈身边，把书高高举起，给妈妈看和西瓜相比蚂蚁是多么弱小，但就是这么弱小的蚂蚁，一点点搬走了大大的西瓜，装满了家，最后还在西瓜皮上滑滑梯。

"我爱小蚂蚁，它们勤劳、快乐、可爱，还有……还有……团结。"我总结道。

听到我的总结，妈妈先是吃了一惊，然后立刻欣喜地赞扬我："宝宝真棒，想到了这么多。"

我快乐地在妈妈身边跑来跑去，就像一只翩翩飞舞的蝴蝶："因为宝宝也可爱、勤劳、快乐，还有好多小朋友啊！"看着快乐、自信的我，妈妈由衷地笑着把我搂进怀中，给我一个甜蜜蜜的吻。这就是幸福的感觉吧！

作者有话说……

幼儿园大班的宝宝已经可以从亲子阅读过渡到独立阅读了。我们把宝宝这个时期读的图文比大约是 1∶1 的书称为"桥梁书"。这些书贴近宝宝的生活，能引起宝宝兴趣，还能帮助宝宝认字、学习语言、提升表达能力，也能帮助宝宝学习生活常识、安全知识，初步训练宝宝的观察、推理、判断等思维能力。

我会算算数了

虽然已经八月底了，但天气还是很热。家里的雪糕被爸爸妈妈悄悄吃光了，当我想吃的时候一个也没有了。

不过我刚想要哭出来，妈妈马上跟我说："宝宝不急，妈妈现在带你去买好不好。""当然好了。"我拉着妈妈的衣袖向外冲去。看着我急切的样子，妈妈大声笑了起来："小吃货！"我顾不上反驳妈妈，自己打开了家门，妈妈只能冲过来一只手抓住我的小手不让我瞎跑，一只手拿钥匙锁门。然而我还是挣脱了妈妈的手，急匆匆地赶往冰品店。妈妈只能快跑几步再次抓住我："宝宝，安全书上怎么说的？"我马上意识到自己太想吃雪糕了，居然忘了上下楼和走路的安全规则了。我安静下来，任由妈妈拉着我的小手。

在冰品店里，妈妈没有急于付钱买雪糕，而是现场教我数学。妈妈问我："宝宝，我们一共买 10 个雪糕和冰淇淋好不好？"现在我已经会数到 100 了，明白 10 个对我来说已经不少了。于是我愉快地答道："好的。"

妈妈接着问我："宝宝，我们一共买 10 个，其中有 4 个雪糕，还能买几个冰淇淋？"我掰着手指头算了一会儿，答道："6 个。""宝宝太棒了，那么我们就买 4 个雪糕，6 个冰淇淋。"

回到家里，妈妈从中拿出 1 个冰淇淋递给我："宝宝吃 1 个，我们还剩几个雪糕，几个冰淇淋？""4 个雪糕，5 个冰淇淋。"我边回答妈妈的问题，边把手里的冰淇淋递给妈妈吃。就这样我一口妈妈一口，一起吃完了。

" 作者有话说……

　　多数幼儿园大班的宝宝已经可以数到二十或更多，十以内的加减法也没有什么困难。不过家长并不需要刻意教宝宝数学，而是在日常生活中培养宝宝数的概念和计算能力。这有助于培养宝宝带着好奇心主动学习的习惯，而不是像那些为了刻板学习的宝宝那样把数学学习当作一个差事。

思维训练很重要

吃完晚饭，照例是我的游戏时间，妈妈最喜欢带我用积木搭各种各样的东西了，她说搭积木可以训练我的思维能力。我不太清楚妈妈说的思维能力是什么意思，只是大概明白妈妈是说搭积木可以让我变得更聪明。

虽然，从不到两岁我就开始搭积木，可是每个年龄段搭积木的目标都不尽相同，最初只是把积木叠在一起，后来才能搭各种物品。从我上大班之后，就不仅仅是搭积木了，更像是在妈妈引导下创造属于自己的世界。

今天也不例外，我在妈妈的引导下创造了一个属于我和妈妈两个人的童话世界。妈妈先搭了一个东西，问我像什么。我看了看，回答说像小狗。我又搭了一个小房子，跟妈妈说是小狗的房子。妈妈又搭了一棵树，我又搭了一只小鸭子，用蓝色丝带搭了一条河，我跟妈妈说小鸭子是小狗的朋友，在树边上岸来找小狗玩。妈妈问我小鸭子为什么要找小狗玩。我说："因为它们是朋友，所以经常到对方家里玩。如果它们不是朋友，才不会一起玩呢。"我们就这样妈妈搭一个，说一段故事，我搭一个，说一段故事……

妈妈越说越复杂："现在，兔子警官发现了一个竹叶形状的脚印，这个脚印是谁的呢？"我在脑海中搜索谁的脚印是竹叶形状的呢？突然，我的脑海中灵光一闪，脱口而出："公鸡的脚印是竹叶形状的。""这是公鸡的脚印，所以刚才偷偷溜走的是公鸡。"妈妈接着说。我眼睛睁得大大的看着妈妈，以便将清故事的最新脉络。妈妈也不着急,静静地等待着我。

作者有话说……

为了做好幼小衔接工作,父母要在日常游戏中有意识地训练宝宝的观察、推理、判断、排序等思维能力。常用的训练方法既可以使用故事接龙等游戏,也可以在日常聊天时多问宝宝"然后呢……""因为……所以……""如果……就……"。

怀着好奇心看世界

我很喜欢户外游戏,清风拂面,小鸟叽喳,树叶沙沙,所有的一切都让我感到心情愉悦。而且外面的世界总是充满了变化。

冬天很少在外边看到小动物,夏天外边变得格外热闹,不仅有小猫、小狗、各种鸟儿,还有大声鸣叫的虫子。其中我每天都能看到石榴树的变化,更是深深印在我的心里。冬天的石榴树光秃秃的,春天石榴树叶子嫩嫩的,夏天石榴树开满了红艳艳的花,秋天石榴树挂满了沉甸甸的果实。

我很喜欢观察大自然的变化,也喜欢观察蚂蚁搬家,蝴蝶飞舞,小鸟筑巢,还喜欢看天上的白云和彩霞。我对自然界的一切都充满了好奇,总是缠着爸爸妈妈问个不停。妈妈因此叫我"十万个为什么"。

今天我就对过街楼梁上筑巢的小燕子格外关注,从我看到它们的那一刻,我的眼睛都不愿意眨动,小嘴也一直问个不停:"妈妈这是什么?"

"是燕子在筑巢。"

"燕子为什么要筑巢?"

"燕子要养育自己的小宝宝。"

"燕子用什么筑巢呢?"

"燕子衔泥筑巢。"

"泥怎么粘在上面掉不下来呢?"

"有时会掉,你看这里就有掉下来的泥。因为燕子锲而不舍,反复用唾液、湿泥、羽毛、草屑尝试,筑起坚固漂亮的鸟巢。"妈妈一边回答我的问题,一边用手机拍下燕子筑巢的视频。这样,回家以后我就能更清晰地看到燕子筑巢的过程了。

"

作者有话说……

5~6岁的宝宝对一切充满了好奇,有的宝宝喜欢观察自然,有的宝宝喜欢拆东西……爸爸妈妈要在条件允许的情况下尽可能满足宝宝的好奇心,陪伴宝宝观察、拆卸、安装。有好奇心的宝宝才更有洞察力和创造力,上学之后对学习的适应力更强。此外,每天两个小时以上的户外活动(包括在幼儿园的户外活动)对宝宝现在和将来的身体健康都有着重要作用。

自我保护很重要

从幼儿园中班起，爸爸妈妈就经常带我一起阅读和安全相关的绘本。随着理解能力的提升，现在我也能独自阅读这些绘本。

今天，在妈妈做饭的时候，我津津有味地看着一本交通安全读本。我自己轻轻读到："红灯、绿灯、黄灯，红灯停、绿灯行……"读着读着我的大脑里又充满了各种疑问。于是我拿着绘本跑进厨房，又问了一连串为什么。妈妈被我连珠炮似的提问给问烦了，叫来爸爸带我去实地学习。

于是，爸爸带我走到小区外边，细致地将能找到的各种交通指示牌、指示灯指给我看。带着我观察遵守交通规则和不遵守交通规则的行人和机动车的情况。虽然我不能完全理解，但是看到不遵守交通规则的情境，还是决定要遵守交通规则。

吃完晚饭，我又翻出安全用电、人身保护等绘本递给爸爸，让他讲给我听。爸爸说心急吃不了热豆腐，让我不要着急，他有时间了就会一个一个教给我。

作者有话说……

随着年龄的增长，宝宝的独立行为越来越多，为了保护宝宝的安全，爸爸妈妈要注意通过书籍、实际训练等方法加强对宝宝自我保护、安全交通等相关知识的储备。

我爱旋转木马

我家附近的公园里有一个漂亮的旋转木马，每次妈妈带我去公园我都会在第一时间扑过去。妈妈也很愿意让我坐旋转木马，当我坐旋转木马的时候，妈妈就站在旁边微笑地看着我。每当木马转到妈妈面前，我就冲着妈妈大笑大叫。

旋转木马周而复始地转动，带给我轻度的眩晕让我有一种飘飘然的梦幻感觉。妈妈微笑地凝视又让我感到安全。坐在木马上所有的喧嚣都不复存在，有的只是独属于我的快乐。

当妈妈把我从木马上抱下来时，我带着旋转带给我的微晕感窝在妈妈温暖的怀抱里，感觉自己就是最幸福的小公主。

❝ 作者有话说……

经常与宝宝玩拉手转圈、秋千、转椅等游戏活动，既能让宝宝提高抓握能力，让手臂肌肉得到发展，又能让宝宝适应轻微的摆动、颠簸、旋转，促进其协调性、平衡机能和立体感的发展。

时间就是效率

从我学会认表开始,妈妈就教我进行时间管理。我不大清楚时间管理的含义,大概就是让我知道时间去哪里了吧。

妈妈在厨房里问我:"宝宝,帮妈妈看看现在几点了。"

"6 点 20 分。"我看了一眼挂在墙上的挂钟,愉快地答道。

妈妈把盘子端到桌子上,继续跟我说:"我们六点半吃饭,宝宝还可以玩 10 分钟七巧板。"我漫不经心地回应妈妈:"好的。"我以为 10 分钟会很久,谁知道我刚刚摆了一只小鹿、一条小鱼,时间就到了,我郁闷地盯着挂钟看了好久。

妈妈注意到我的郁闷,耐心地跟我解释 1 分钟、一刻钟和一个小时大概有多久。我知道了我们吃早饭大概是 10 分钟,吃中午饭大概是 20 分钟,看动画片也是 20 分钟……我的小脑袋转呀转呀,有些转不过来了。

吃完饭照例是家务时间,我的任务是擦桌子。妈妈说5分钟之内要把桌子擦得亮晶晶。这难不倒我,我挥舞着小抹布3分钟就擦完了桌子,爸爸夸奖我是家务小精灵。我骄傲地想:"那是当然了,我是爸爸妈妈的好宝宝,当然和爸爸妈妈一样能干了。"

而且,悄悄告诉你们我的小心思,少花几分钟擦桌子,我就能多玩几分钟游戏。得到夸奖还能多玩一会儿,多划算的事情。

游戏过后,我要完成绘画课的作业,今天的任务是用油画棒完成老师布置的作业——梦想家园。这个可没法规定时间,我要好好想一想画什么,要有小蘑菇、房子、花、太阳……我边想边画。不一会儿,五颜六色、童趣盎然的花花草草、小猫小狗就跃然纸上。但是,还缺点什么呢? 还要有爸爸妈妈和宝宝呀。画完我们一家三口,这幅画就完成了,我自然而然地看了一眼桌子上的闹钟,整整两个半小时过去了,时间过得真快呀,转眼到了睡前洗漱时间了。

❝ 作者有话说……

在规定的时间内完成学习、活动任务可以帮助宝宝建立时间观念、学习结构,从而提升宝宝的学习效率,为在小学建立良好的学习习惯打下坚实基础。

我是遵守纪律的好宝宝

如果说 2 岁之前是任由我释放天性的阶段,那么 2～5 岁则是逐渐让我建立规则,遵守规则的过渡时期。到我 6 岁的时候,我就逐渐明白什么时候、什么情境能做什么事情。爸爸妈妈也特别注意培养我遵纪守法的好习惯。

今天爸爸妈妈带我来爬山,爸爸就特意带我来看游客须知。他指着上面的字,一个一个读给我听。我一边听,一边跟着爸爸的手指辨认着上面的每一个字。爸爸读了一遍,问我:"宝宝知道应该怎么做了吗?""不能在山上生火,不能随便丢垃圾,还有⋯⋯"爸爸看出我并没有完全听懂,又详细地给我解释了一遍。

做到这些挺容易的嘛,好宝宝当然都能遵守。但是想着容易做着难,快到中午时我的小肚子饿得咕咕叫,于是让爸爸从背包里掏出炸鸡,大口吃了起来,吃完就顺手把包装袋扔在路边。爸爸看到没有吵我,而是停住脚步拉住我的小手,问:"宝宝还记得游客须知吗?"我看看爸爸,又看看扔在路边的包装袋,有些不好意思地捡起来放进我们事先准备好的垃圾袋里。爸爸看我乖乖地捡回了垃圾,欣慰地抱起我亲了一大口。

当我们走进山坳里的景点时,妈妈已经累得走不动,坐在石阶上休息,我则不知疲倦地跟着爸爸向里走。当我看见有一个叔叔边走边用打火机点烟时,悄悄拉了一下爸爸,低声对爸爸说:"好宝宝不在景区点火。"爸爸欣喜地冲我笑笑，我也开心地低声笑了起来。规则意识已经一点点渗透我的心灵深处，不是负累而是我生活的一部分。

下午五点多，我们拖着疲惫的步子，来到山下一个饭店，一家人坐在窗边的桌子边，一边吃着美味的食物，一边眺望如黛远山，每个人满心满眼都是笑意。

即使这一天很疲劳了，回家之后我还是按时完成了每天的阅读任务。对我而言，阅读早已不是任务和爸爸妈妈的要求，更是我自己的习惯和乐趣。

❝ 作者有话说……

从 2 岁起父母就要有意识地培养宝宝的规则意识，这样到 5 岁以后，就会自然而然地形成遵守日常纪律和学习遵守特殊场所规则的行为习惯。

专心做事的好宝宝

周末,清晨第一缕阳光照耀着我,我自己起床,叠好被子,乖乖洗漱干净,找爸爸妈妈一起去晨跑。我们一家三口快乐地跑了 30 分钟,然后一起回家吃饭。我微微眯起眼睛感受着奶黄包的甜香,青菜鸡蛋饼的清香,还有牛奶的醇香。吃完饭我自然而然地和爸爸妈妈各司其职快速完成清理工作,之后各自做各自的事情。

妈妈在书房里看专业书,准备她的考试,爸爸则带我用教具学习巩固加减法。爸爸问我:"这里有 2 只蓝色的小鸟,6 只黄色的小鸟,一共有几只小鸟呢?"这对我完全没有难度,我当然知道不论什么颜色的小鸟都是小鸟,2 只加 6 只当然就是 8 了。我稍加思考马上就给出了答案:"8 只。"爸爸微笑着夸奖我:"宝宝真棒!这么快就算出来了。"听到夸奖我双目炯炯地看着爸爸,似乎在说"快点,给我出更多题目吧",爸爸当然知道我的想法,接着问:"9 支小木棒,去掉 3 支还有几支呀?""6 支。"我欢快地答道。就这样你一言我一语,40 分钟的教学时间很快就过去了,我还意犹未尽。当爸爸宣布下课时,我发现自己居然一点儿也没有分心。完成了今天的算数学习,爸爸在我的额头上轻吻一下表示鼓励,我就像吃了蜜一样满心都是甜滋滋的。

作者有话说……

　　小学一节课是 40 分钟，比幼儿园一节课的时间有大幅度提高，爸爸妈妈应该有意识地通过培养宝宝做事专心的好习惯和自理能力，提升宝宝长时间的专注力，让宝宝逐渐适应小学的学习时常，为宝宝在小学的学习打好基础。

和小朋友在一起成长

今天,我约了布布和新认识的朋友糖糖来家里玩。上午九点,他们准时按响了我家的门铃。见到好朋友,我们都非常兴奋,相互抱在一起,尽情地玩闹,分享让自己开心的事情。布布还带来了自己的书,糖糖也带来了玩具。

妈妈在一边静静地看着我们读书,当我们因为对故事情节理解不同而发生争执时,妈妈会拍拍手,示意我们暂时停下来。我们三个小脑袋一起转向妈妈,等待她给我们调解。

妈妈可不会简单地评价谁对谁错,而是问我们:"谁能说一说小山为什么没有朋友呢?"布布说:"小山长得太丑了。"糖糖说:"小山脾气太坏了。"我说:"小山总是拒绝想接近他的小动物。"妈妈没有急着下结论,而是接着又问:"小山怎么就又有朋友了呢?"糖糖抢着回答:"小山的脾气变好了。"布布也不甘示弱:"小山上长出了美丽的树、花和草。"我慢了半拍,还是说出了自己的想法:"小山开始接受小动物了,而且……"在小朋友们的提示下我找到了完整答案:"小山脾气变好了,于是就变漂亮了,小动物们也更愿意和它做朋友,小动物们更友好了,小山也就更愿意和它们成为好朋友。"布布和糖糖在旁边拼命点头。最后,妈妈又问:"现在你们认为其他小朋友的想法是对还是错?"我们异口同声地回答:"都对了一部分,放在一起就是全对。"布布补充道:"就像《盲人摸象》故事里说的那样。""布布真棒,能举一反三。"妈妈夸奖道。

和小朋友们一起学习很热闹,还能扩展思维,学到更多东西,真是一件愉快的事情!

作者有话说……

家长让宝宝和朋友们一起学习既能提升社交能力、开拓思维,还能提前让宝宝适应新的人际关系,便于进入小学后更快地适应环境。

宝宝的第三个宝藏:目的

小知识

3～6岁宝宝心身仍在快速发展,尤其是6岁宝宝的脑重已达到成人的90%。从心理角度上看,宝宝的思维还是表面的、原始的和混乱的。

儿童能区别自己和外界事物，却无法从他人的角度考虑问题。观察事物、判断和推理缺乏全面性，仅仅注意自己最感兴趣的，或事物最显著的方面，而对其他方面却视而不见，听而不闻；从生理角度上看，身体还很柔弱和幼小，仍需要爸爸妈妈从饮食、运动、生活习惯等方面给予细心的呵护，才能健康成长。

　　这一时期还被心理学家称为"学前期""幼儿期""俄狄浦斯期"，其主要心理特质是"目的"，即在这一时期发展良好的宝宝在长大成人之后具有无所畏惧追求理想的勇气。宝宝还有可能产生恋父/恋母情结。

　　为了充分挖掘宝宝"目的"这一宝藏，爸爸妈妈应该鼓励宝宝拓展探索能力，遇到困难先自己解决，遇到自己解决不了的问题要及时求助，主动和爸爸妈妈分享自己的情感和生活。这样做易于宝宝产生主动感、竞争感和责任感。如果爸爸妈妈不允许宝宝自主决定，宝宝就容易出现内疚、退缩和缺乏自我价值的心理特点。

　　对孩子恋父/恋母的现象，爸爸妈妈的夫妻关系要稳定和亲密，和孩子保持适度的边界，鼓励和促进宝宝独立思考、独立解决问题，才能让孩子顺利度过俄狄浦斯期和孩子形成良好的亲子三角关系。

6 ~ 12 岁

小学我来了　281

快乐的小学时光　309

适应从幼儿园到小学的变化,对爸爸妈妈和孩子都是一个挑战,尤其是很多妈妈把让孩子写作业当作一件恐怖的事情,其实只要做好了以下几件事,孩子主动学习并不难。

小学我来了

我是一年级小学生

我上一年级了

从幼儿园毕业后，我和小朋友们在一起度过了边学边玩的暑假，即将成为小学一年级的新生。

通过爸爸妈妈和书上的讲述我已经基本了解了小学的样子，对于上小学这件事我一直心怀憧憬。那里有更大的校园、更多的朋友，有不同的知识和活动，这些憧憬使我感到兴奋；同时我也对小学这个全新的环境心怀忐忑，老师是不是喜欢批评学生？如果我和新同学说话，他们会不会不理我？会不会有很多作业？如果考试没考好，爸爸妈妈、老师或者同学会不会不喜欢我……

这些无处安放的情绪让我在入学前一天翻来覆去睡不着。和我相比爸爸妈妈相当淡定，当我抱着小被子出现在爸爸妈妈床边时，爸爸长臂一伸就把我搂上了床，躺在爸爸妈妈中间，一切烦恼都不复存在了，我终于安然入睡。

开学第一天的清晨来得太早，当太阳跃出地平线，妈妈来叫我起床时，我躺在床上各种撒娇，在床上躺了 20 分钟，还是不得不起床、洗漱、吃饭，跟着爸爸妈妈匆匆赶往学校。我们在涌动的人群中跟着指引牌进入校园,按规定家长不能进校园,不过他们并没有走远,而是站在栅栏外一起向我挥手。

我双手拽着小书包,回望爸爸妈妈,看到他们镇定自若,提着的心也放下了一大半。当我看到糖糖,另一半提着的心也放了下来。我们手拉着手跟在老师和同学后面从容地走进了教室。

上学第一天的上午是忙碌而令人兴奋的,新的环境比我想象的还好,老师很温柔,同学很友善,连教室也不像我想象的那样单调,桌子是淡粉的,椅子是淡蓝的,墙是淡黄的,教室里的一切都很可爱。

老师对我们这些懵懵懂懂的一年级"小豆包"格外照顾,也很有耐心,老师还给我们每人发了一本《新生成长手册》,来帮助我们在接下来的一年中更好成长。

接着,老师带领我们相互介绍,以增进对彼此的了解。当老师对我们进行学前教育时,我正襟危坐地接受老师的检查。不过只坚持了20多分钟,就坚持不住了,开始在座位上扭来扭去。老师没有生气,继续耐心地纠正我的行为。在接下来的课程中每个老师都会在课堂上友善地提醒我们,力求尽快适应新身份。

❝ 作者有话说……

　　无论如何对于六七岁的孩子来说，进入新学校这个完全陌生的环境都是一件有压力的事情。所以，父母在孩子上学之前要尽量保持镇定，孩子能从父母的表现中汲取力量，从而更快地适应新环境，尽快进入新角色。

写作业是自己的事情

经过几天的学习，我和同学们越来越适应学校生活了，上课认真听讲，下课快乐玩耍。放学后和糖糖在托管班老师的安排下吃饭、休息、写作业。当妈妈晚上下班接我时，我就像一只快乐的小鸟不停地和妈妈分享一天的所见、所闻、所想。

回家之后，妈妈催促我打开书包，继续完成作业。我跟妈妈撒娇，要看电视，要吃零食。妈妈在我面前坐下来，拉着我的手，盯着我的眼睛，一字一顿地说："小萱，我们不是商量好了，每天回来第一件事就是完成作业吗？妈妈相信你是一个遵守承诺的孩子。"我嘟囔地说："宝宝又累又饿。"妈妈温柔地回应我："小萱是小学生了，不再是小宝宝了，妈妈相信你有能力等待。"我狐疑地望着妈妈："妈妈不爱我了吗？"妈妈不急不躁，继续抚慰我："妈妈当然爱小萱啊，所以要鼓励你长大，你长大了就会更幸福。"我有些犯迷糊："长大才幸福？"妈妈继续解释："妈妈的意思是幸福就是在写作业的时间写作业，看动画片的时间看动画片，吃东西的时间吃东西。现在是小萱写作业的时间，半个小时后才是吃饭时间。现在小萱去写作业，半个小时后我们一起吃饭。"

"可是我现在就很饿啊。"我继续撒娇。妈妈看穿了我的小计谋，继续对我说："今天有小萱最喜欢的煎鳕鱼，如果小萱现在就要吃东西，鳕鱼会偷偷跑掉的。"

妈妈用幽默的语言坚定地拒绝了我的不合理要求，既没有伤害我的玻璃心，也没有纵容我的任性，我只能坐在小桌子前继续完成自己的作业。

经过暑假两个多月的适应性训练，我已经知道做作业是怎么一回事，完成这些简单的作业根本就不是什么难事，半个小时足以让我完成作业。

完成了作业，我欢快地冲向餐桌，闻着香喷喷的煎鳕鱼，我的心都醉了。

❝ 作者有话说……

小学和幼儿园的差异很大，当孩子不愿意做作业时，爸爸妈妈不要急着批评孩子，也不要坐在孩子旁边盯着写作业，而是要按照当时的实际情况使用幽默、鼓励、奖惩等方式鼓励孩子独立完成作业。

写作业需要动脑子

每天上学、放学、写作业，我渐渐适应了自己小学生的身份，也能适应作为小学生的各种纪律守则。通过各种课间活动也和同学们建立了友谊。除了糖糖和布布，我和小帆、小瑜、小文、桃子也玩得很好。

我和糖糖、小瑜、桃子还上了同一个托管班，放学后我们就坐在一起写作业。经过一段时间的学习，我们的作业从简单抄写到有些难度的填空、加减法。经常会出现一些不会做的题目，小瑜可聪明了，遇到不会做的题目还会在网络上搜索答案，然后还把她的发现分享给我们，这样我们每个人的作业都能很快完成。

在回家的路上，我把这件事告诉了妈妈。谁知妈妈居然生气了，说我不该抄作业，作业应该独立完成。我一下子就蒙了，我就是自己写的作业，怎么就不行呢？看我不认错，妈妈就有些生气了。一路上我们两个人谁也没有再说话。回到家妈妈已经冷静下来了，她蹲下身盯着我的眼睛问我："老师为什么要布置作业？"我无辜地看着妈妈，用小眼神说："不知道啊！"妈妈只能接着说："写不是目的，目的是检查你是否掌握了学到的知识，如果你照着别人的作业完成自己的作业，就不知道自己哪里不会，就失去了查遗补漏的机会，时间久了就会出现很多漏洞，慢慢就跟不上课程了。"我歪着小脑袋疑惑地看着妈妈。虽然不理解但还是在妈妈的要求下重新写了作业，当遇到不会的地方就记下来，在其他作业写完之后自己重新翻开课本一题一题地寻找答案，最后有一道题怎么也找不到答案，只能寻求妈妈的帮助，在妈妈的引导下终于找到了答案，那一刻我的小心脏激动得怦怦直跳。原来自己完成作业的感觉是这样的，我再也不会从别人那里或者网上找答案了。

" 作者有话说……

当孩子出现不愿意学习、上课不认真听讲、抄袭作业等一系列学习问题时，爸爸妈妈不要急着批评孩子，因为小学一年级的孩子还没有弄明白为什么要学习、怎么学习，需要老师和家长耐心引导，激发孩子的学习兴趣和热情。对小学一年级的学生来说，学习兴趣高于学习成绩，有学习兴趣的孩子，学习成绩终会名列前茅，而没有学习兴趣的孩子，学习成绩的下滑只是时间问题。

理解情绪　爱上学习

上学不是一件容易的事情

开学两周之后,我就失去了对上学的新鲜感,变成了起床困难户。每天早晨妈妈喊我起床时,我怎么也起不来。连着几天早晨我都是闭着眼睛被爸爸妈妈拉起来走到桌前吃早饭的。

到了学校我更觉得时间难熬,一节课的时间好长啊。我如坐针毡,一会儿看看上体育课的学生,一会儿看看树上的小鸟,一会儿看看周围的同学,好想出去玩啊,可是我又是遵守纪律的好孩子,只能抱紧双臂努力坐好。

好不容易盼到了放学,回家的第一件事又是写作业。虽然妈妈的态度很温和,可是我就是很生气,心里充满了"我已经上了一天的课了,在托管班也写了作业,回来还要写作业"之类的想法。而且因为我没有专心听讲,很多作业写不出来,只能和爸爸妈妈要赖。

妈妈显然有些生气,但她还是压抑住自己的情绪,尽可能温柔地对我说:"小萱不喜欢写作业,就像有时妈妈不想上班一样。"我半信半疑地看着妈妈,问道:"妈妈为什么要上班呢?"妈妈继续说道:"因为工作是一件有意思的事情啊,尽管有时会感到劳累,但是大部分时间还是有趣的。"我感到有些好奇,继续问道:"有什么好玩的事情呢?"妈妈坐下来,跟我讲起她选择这份工作的原因,以及工作中那些有意思的事情。最后总结道:"你看,妈妈在工作中有这么多有趣的事情,小萱在学习中同样也能发现好玩的东西。""比如学了拼音,我就能自己读'两个黄鹂鸣翠柳,一行白鹭上青天',那时我感觉自己就像鸟儿一样的自由。写作业不仅仅是完成老师交代的任务,还是在积累自己幸福快乐的材料。"话锋一转我又问妈妈:"可是,我能晚一些写作业吗?"妈妈听了我的话,显然不知道说什么好,停了好一会儿,妈妈才接着和我商量:"小萱是否可以保证,这一周其他时间都能按时写作业呢?"我有些不高兴,但还是点了点头。妈妈伸出手指和我拉钩,就这样我们共同决定今天晚一些写作业,但要保证睡觉前把作业写完。

当我忙着看动画片时,妈妈把我的各种玩具都收进了玩具柜。没有玩具分心,我就能在看完动画片之后老老实实坐下来听妈妈讲题,在妈妈的帮助下我逐渐弄明白之前没有学会的内容。这样当我自己写作业、背书的时候,效率提高了不少,写作业似乎不再是一件难以接受的事情。

第二天早上我还有些困倦,不过还是强打精神背上小书包去上学。上课的时候,虽然窗外的鸟鸣总是在诱惑着我,我也尽量集中注意力。一天的课上下来似乎有了一些不同的感觉,也许上课学知识真的是一件有趣的事情。

随着入学之初的兴奋渐渐消退,孩子对学习的热情也会有所下降,如果此时孩子又在学习中遇到一些困难就有可能出现上课不愿意听讲,放学不愿意写作业等厌学的情况。这时爸爸妈妈不要急于陪伴甚至强制孩子写作业,而是要和孩子一起解决学习中存在的问题,寻找学习的乐趣。

当我遇到学习困难时

我很想认真写字,奈何手中的笔不听使唤,我写的字总是东倒西歪。这让我非常着急,只能擦了写,写了擦。好不容易写到一半,妈妈又开始说我:"看你把作业本都擦破了。"我一着急就哭了起来,妈妈意识到又惹到我了,只能柔声安慰说:"不急不急,慢慢写。"

看到我总是焦躁的样子,妈妈尝试在我写字的时候一边扶着我的小手,一边鼓励我:"小萱不要着急,像妈妈这样用力,这样写就会好一些,对吗?"在妈妈的指导下,我写的字明显进步了很多,提着的心放下了不少。

在接下来的一段时间里,妈妈又和我一起阅读了一些关于遇到事情要冷静的故事。我逐渐意识到急躁并不能解决问题,只有面对问题才能做得更好。虽然我并没有完全理解该如何直面问题,但焦躁情绪却少了很多。

❝ 作者有话说……

小学一年级的孩子刚刚接触系统的学习,遇到不懂的问题和新情况时就会感到焦躁,甚至想放弃学习。爸爸妈妈不要急着责骂孩子,而是要采取包容的态度,帮助孩子解决问题,只有这样才能让孩子逐渐平静下来,更好地接受学习。

请使用爱的语言与我沟通

爸爸下班回家看到我正在看动画片，对我说："小萱，又偷懒了？"听见爸爸说的话，我不高兴地小声嘟囔道："作业早就写完了，爸爸又冤枉人。"谁知爸爸听到了我的小抱怨，一脸歉意地走过来，坐在我身边说："爸爸一回家就说小萱偷懒了，你认为自己被冤枉了，所以感到委屈，对吗？""本来就是，我作业都写完了才看的动画片。"我娇憨地抱着爸爸的胳膊说道。爸爸显然很喜欢我撒娇，顺手递给我一个小橘子："奖励小萱提前完成了作业。"我伸手接过橘子，开心地剥开和爸爸你一瓣我一瓣地分吃了，父女两人的心都暖暖的。

这时妈妈的饭做好了，爸爸拉着我冲进厨房，对妈妈说："亲爱的，剩下的事情交给我和小萱。"边说边和我张罗着盛饭、端饭、准备碗筷。妈妈眉眼弯弯地看着我们忙来忙去，即使我做事毛手毛脚不是掉了筷子，就是让袖子粘了菜汤也没有说我。妈妈只是让我把脏了的筷子洗一洗，并用纸巾帮我擦了擦衣袖。我不好意思地冲妈妈笑了笑。爸爸开玩笑地说："小萱的衣服也觉得妈妈做的饭好吃呢。"妈妈的温柔让我开心，爸爸的玩笑化解了尴尬，我又马上又欢快起来。

从小学开始，家长要注意自己和孩子的沟通方式，因为错误的沟通方式不仅会伤害孩子脆弱的心灵，也会让孩子从家长这里学到错误的沟通方式，造成孩子在社交中沟通不良，不利于孩子尽快适应学校环境。

因此，在亲子沟通中父母尽量不要使用评价、命令、指责、把自己的孩子与其他孩子比较的方式，而是采用说事实、分享感受、尝试沟通亲子双方的需要再提出请求的方式。当沟通出现问题，使用幽默、再确认等方式缓解双方情绪，给进一步沟通创造条件。

情绪管理让我爱上学习

我觉得数学第一单元超级简单，虽然形式多变，但实质就是数数。可是单元练习我却错了将近三分之一。妈妈看到单元练习试卷上的一个个红叉子，立刻就发火了："这么简单的题还会错！"看到妈妈生气了，我嗫嚅地辩解道："这些题我都会就是马虎了。"听到我的辩解，妈妈更加生气了。过了好一会儿，妈妈终于冷静下来，在我对面坐了下来，沉着脸对我说："妈妈看到小萱的单元练习错了这么多，感到很失望，我认为你学习时不够认真，导致遗漏了一些知识点。"我继续争辩道："我好好学习了，就是马虎了。"妈妈盯着我的眼睛继续说："小萱愿意和妈妈一起再做几道类似的题吗？"我在妈妈的陪伴下又做了几道和错题类似的题目，发现还是错了两道。妈妈压住怒火，耐心地给我讲解，使我终于明白自己的问题出在哪里。我低下头认真地说："对不起，我错了，我确实没有弄明白题目的意思。"妈妈对我认错的态度很满意，表情轻松了许多，温柔地对我说："小萱看见妈妈生气了，就不敢承认自己在学习的时候遗漏了知识点，对吗？"我低着头回应："我不想让妈妈不开心。"

妈妈轻轻搂住我，更加温柔地对我说："谢谢小萱理解妈妈的情绪，但是小萱也要知道妈妈不开心是因为担心你。所以，当你遇到任何问题的时候，要及时告诉我或者爸爸，我们一起来解决问题，好吗？"

相互交换情绪和想法之后，妈妈的情绪已经完全恢复正常了。我们两个人冷静地讨论了我在学习中存在的问题，以及改进方法。

通过这次考试我发现自己学习中的漏洞，也意识到学习态度不够积极。所以，接下来我和妈妈又聊了学习中的乐趣和学习对我的意义，妈妈特别强调了学习不是给爸爸妈妈看的，学习是一件很有趣的事情，和别人讨论学习中遇到的问题更是一件有意思的事情。我没有完全认可这种说法，但我内心深处已经悄悄种下了一颗叫作"学习是有趣的"的种子。

作者有话说……

小学阶段，尤其是小学一、二年级最重要的任务是让孩子爱上学习。为了达到这个目的，爸爸妈妈平时要多和孩子分享自己在学习中遇到的乐趣，更要在孩子遇到困难和烦恼时，尝试与孩子沟通，理解孩子的想法和情感，在此基础上引导孩子找到解决问题的方法。

在解决问题中构建同学关系

在课间休息时我看见同桌桃子正在我的书包里翻着什么,于是不高兴地对她说:"你为什么翻我的书包。"桃子一脸疑惑地反问我:"我们不是朋友吗?"说着我们就吵了起来。最后,我们都很生气,谁也不理谁了。

晚饭的时候,我问妈妈:"妈妈,今天桃子翻我的书包,我不让她翻,她反倒说'好朋友就要分享'难道是我错了吗?""你没有错。"妈妈轻快地回答我。"可是,桃子非得说我错了,不跟我玩了。"我疑惑地对妈妈说。

妈妈注意到我的沮丧,停下来认真地对我说:"今天你和好朋友桃子发生一些不愉快的事情,你对好朋友的指责感到不愉快、沮丧和疑惑,你希望妈妈给你一个正确的答案,帮助你和桃子恢复朋友关系,是这样的吗?"妈妈的话有些长,我并不能完全理解,不过我意识到妈妈听懂了我的意思,并且愿意帮助我。我的心情好多了,继续和妈妈讨论我和桃子之间发生的事情。在讨论过程中我明白了这件事并没有绝对的对和错。我的问题在于过于执着事情的对错,而没有关注朋友的感受和需要,并和朋友分享我的感受。所以,第二天上学时,我主动和桃子说话。桃子也没有在意昨天发生的事情,我们又像之前一样玩在一起了。当桃子又想翻我的书包时,我试着问桃子:"你想翻我的书包,是因为你想玩我带的橡皮泥,对吗?"桃子用力地点点头。我接着说:"好朋友一定会分享,不过我希望是我拿给你,而不是你自己拿,可以吗?"桃子歪着脑袋想了想,迟疑地点了点头。

作者有话说……

　　一年级的小学生常常因为沟通问题发生各种冲突，有时他们自己在冲突中找到了解决问题的方法，有时则需要家长的帮助。父母千万不要认为孩子的问题只是小问题而置之不理，也不要小题大做亲自出手，而是引导孩子在与人共情的基础上找到属于自己的解决方法。

玩耍让我爱上学习

我刚刚回家做了十几分钟的作业,糖糖就带着 3 个小伙伴来找我一起到外边玩。我没跟妈妈说就要跑出去,谁知道妈妈听见我的动静马上出来叫住了我:"小萱,你干什么去呀?"我弱弱地回答说:"我和糖糖出去玩一会儿。""不行,现在是学习时间,写完作业再去。"我小声反驳妈妈说:"我玩一会儿再回来写作业。"妈妈严肃地冲我摇头。我只能无奈地留下来写作业,一边写作业一边想着小朋友们的游戏,心早就飞出去了。

我心不在焉地写完作业,飞快地冲出去找糖糖。但是几分钟以后我就垂头丧气地回来了。糖糖他们玩了一会儿就都回家了,我自己一个人也没法玩了。

妈妈看到我垂头丧气的样子,意识到自己的态度让我感到受伤。她试着和我沟通,我没有理她。等爸爸回家以后,妈妈和爸爸讨论了这件事,也没有得出一个有效的结论,只能找到心理老师寻求帮助。妈妈在心理老师的帮助下终于明白,只坐着学习并不能让我的大脑更灵活、更聪明,相反大脑发育和身体运动协调是共同发展的。只有适当的运动,动静结合,才能不断完善大脑发育。通过游戏可以使我的身体控制力越来越强,才能更安稳地学习,最终提高学习效率,让思维和智力得到更好发展。

于是,妈妈和我商量,如果朋友来的不是时候该怎么办,我再三向妈妈保证出去玩一定会按时回来,而且回来以后一定完成作业。

自此之后，如果作业不多，糖糖来找我，我就会和她出去玩半个小时；如果作业多，我就会邀请糖糖和我一起写作业。这样我既保证了学习时间，也有足够的时间和朋友在一起。这个结果让我非常开心，不论学习还是游戏都让我感到很有趣、很快乐。

"作者有话说……

强迫孩子学习，会让孩子对学习充满反感，拖拉磨蹭，三心二意，学习效率低下。相反，适度给孩子玩耍的时间，会让孩子爱上学习，提升学习效率和效果。

思维游戏让我更聪明

每天做完作业,妈妈或者爸爸都会陪我玩一会儿,爸爸喜欢陪我玩鲁班锁、围棋之类的智力游戏,妈妈喜欢陪我读书、画画、弹琴之类安静的游戏。如果时间比较早爸爸还会带我到楼下打羽毛球或者陪我观察花草树木、日月星辰和各种大大小小的动物。

在游戏过程中,爸爸妈妈总是鼓励我要自主思考和独立解决问题。每天游戏时间并不长,短则半个小时,长则1个小时。这些游戏可以使我的思维更活跃,思路更开阔。和朋友们一起玩的时候,我总是主意最多、最有趣的那一个。而且我也从来不会强迫朋友按我的想法去做,所以大家都喜欢跟我玩。

除了在家里玩,我也很喜欢到外边去。我不仅喜欢看蚂蚁搬家,更是将这种爱好扩展到各种虫子上,甚至在爸爸的指导下我还尝试着写昆虫观察日记。

最近我因为一本关于蜜蜂的书而迷上了蜜蜂。我喜欢蜜蜂大大的复眼和黑黝黝的单眼,也喜欢它六条毛茸茸的腿,尤其喜欢它采到蜜后圆鼓鼓的肚子。当小蜜蜂在花朵上嗡嗡叫时,我就会静悄悄看着它飞来飞去的忙碌身影。回家之后我还会用日记和绘画本记录我所观察到的一切。

如果我散步时没有看到蜜蜂,那么蝴蝶、瓢虫、蚯蚓、蚂蚁……也都是我观察的对象。在这个过程中爸爸还会引导我发现各种虫子的不同。通过爸爸的讲解,我知道了如蜜蜂、蚂蚁之类的虫子,身体分为头、胸、腹三部分,有一对触角,六足,被称为昆虫。而软软的蚯蚓被称为环节动物。即使同为昆虫也各有不同,蜜蜂有两对翅膀,而蚂蚁虽然没有翅膀,却有硬硬的壳,蝴蝶身体和翅膀上有大量的鳞片。虫子们虽小,却有着强大的力量,比如蚂蚁就能拖动比自己身体重几十倍的食物。

为了能更多了解关于这些有趣小动物的知识,我迫切地想认识更多的字,学更多的知识,这让我充满了学习动力。

❝ 作者有话说……

　　小学阶段仍然是智力开发的重要阶段,有深度和广度的思维训练能加深孩子的大脑沟回,促进大脑前额叶更好地发展和重组,从而让孩子更加聪明,记忆变得更加鲜明和深刻。如果有可能,爸爸妈妈尽量不要把思维训练假手于人,而是亲自训练。与专业人员相比,父母对孩子更了解,在训练中赋予了更多情感。如果条件所限,不得不将孩子送到培训班上,也要花时间关注孩子在训练中的感受、想法和收获。

有计划才有效率

最近一段时间,我和糖糖刚刚学会一个新游戏,所以我每天放学丢下书包就去找糖糖玩,天黑了才回家。吃完饭还要看动画片,早就忘了作业这回事儿。

在爸爸妈妈的再三催促下我才开始写作业,可是玩了这么久早就困了,我只能一边揉眼睛一边写作业。经常到晚上10点多才勉强把作业写完,导致第二天早上不爱起床。

爸爸和我商量说:"如果糖糖放学后再来找你,你可以出去半个小时,但半个小时后就要回来写作业。"我说:"不行,我要玩够才回来。"爸爸严肃地说:"我们之前商量好了,认真学习对你更重要,对吗?"我记起了自己的承诺,不情不愿地答应了爸爸,每次只玩半个小时就回来。慢慢地我习惯了这个时间安排,不再让爸爸妈妈提醒回来就写作业,晚上按时睡觉,早晨按时起床。

为了杜绝这类问题再次发生,妈妈决定教我制订计划表,以帮助我更好地管理时间。我和妈妈一起在房间墙上贴上了一张大大的计划表,在我的书包里再放一个小小的计划本。上面不仅有我的学习时间和计划,还有起床、运动、洗漱、游戏的时间。我还在上面记录了我的完成情况和情绪感受。

妈妈让我制订计划表时我还不太情愿,一方面我不会做计划,另一方面我害怕如果不能按照计划表做事情,爸爸妈妈会生气。但事实并非如此,在使用计划表一段时间后,我发现计划表并不是我的束缚,相反在没有计划表的时候,我总觉得自己有语文作业、数学作业、绘画课，还要和朋友出去玩……做着这个想着那个，总觉得有压力。有了计划表，我既能高效率学习，又能开心地玩耍。

如果同学在我学习时来找我，我只需要告诉妈妈把学习和玩耍的时间调换一下就可以了。再也不用为了出去玩而和妈妈斗智斗勇。

制订计划的另一个好处就是和妈妈一起做每日总结时，能发现自己在学习、生活中存在的问题，妈妈不会像其他妈妈那样为我层出不穷的小问题头痛了。当其他妈妈盯着孩子写作业的时候，我的妈妈有足够的时间在书房里埋头写自己的论文。

而且，妈妈还教我把这个技能扩展到学习上，让我学会把学习内容列成清单，这样我背书、复习、预习都比其他同学快了不少。学习效率高了，我就有更多时间做自己想做的其他事情——下围棋、画画和观察昆虫，我每天都过得既充实又快乐。

此外，对我来说计划表最大的好处就是看着一个个完成的任务内心充满了自豪感。

一年级的孩子，自我控制能力较差，指望孩子完全主动学习是不现实的，只有培养良好的时间管理习惯，孩子才能够产生主动学习的兴趣。

让孩子学着制订计划既是帮助孩子初步学会时间管理，也是让孩子掌握一种学习方法，更是一种思维训练。从小会自我管理的孩子做事会更有效率，也会更自信，更有学习能力。

当爸爸妈妈意见不一致的时候

因为爸爸妈妈经常带我运动，我比很多同学长得都快。现在我的身高已经达到 128 厘米，体重也有 26 公斤，肺活量也达到了 1500 毫升，所有人都说我是个壮实的小姑娘。即便如此我仍然和小同学们一样，骨骼和肌肉都还很柔软，而且我自己外出时，还有些顾前不顾后，经常因为跑得太快而磕磕碰碰。妈妈担心我太莽撞，还像我上幼儿园时一样，到哪里都不让我离开大人们的视线。爸爸却觉得我已经长大了，应该给我一些自由的空间，在带我出去玩时，常常放手让我自己玩。本来这就是我和爸爸之间的秘密，可是因为一次小小的事故导致妈妈发现了这个秘密，还和爸爸大吵了一架。

那天，爸爸带我去滑旱冰，刚开始我害怕摔倒，反复嘱咐爸爸一定扶着我。这样滑了 5 圈之后，爸爸认为我已经学会了，就偷偷放了手。我没有察觉继续往前滑，忽然就觉得不对劲，就回头一看，发现爸爸居然离我有十米远。我心里一慌，扑通一下就结结实实地摔了一跤。我疼得哇哇大哭，眼泪瞬间流了下来。爸爸看见我腿也青了，胳膊也破皮了，不知道我伤得重不重，只能慌慌张张地抱着我去医院。

虽然经过医生检查，我只是受了点皮外伤，身体并没有大碍，妈妈却吓得不轻，一直责怪爸爸不负责任。爸爸本来也很担心我，听到妈妈的责怪顿时火冒三丈，责怪妈妈平时管得太多，让我变得太依赖，他一放手我就因发慌而摔伤。

见到爸爸妈妈吵架，我害怕得大哭起来。我的哭声让他们愣了一下，都跑过来问我怎么了。我扑到妈妈怀里抽噎，一个字也说不出来。爸爸妈妈只能放弃争吵，共同决定请心理医生教他们一个更科学的教养方式。

恰巧这所医院就有心理科，爸爸妈妈抱着我去看心理医生。心理医生非常欣赏爸爸妈妈有问题及时解决的态度，和我们愉快交谈之后，给全家人都做了相应的心理测评。测评结束之后，医生花了 10 分钟和我们进行了一段愉快的谈话，肯定了爸爸妈妈在过去 7 年对我的养育方式，然后留下他们，让我和心理治疗师去沙盘室做沙盘。

我不知道医生和爸爸妈妈说了什么，反正当我做完沙盘见到他们时，他们的表情轻松了许多。回家之后，妈妈也转而鼓励我独自滑旱冰，并且对我说："反正小萱已经会滑了，爸爸也就不用帮忙扶着了。"爸爸也意识到我还很小，在我进行一些有一定风险的运动或活动时，还需要家长的关照。所以，再带我去滑旱冰，爸爸就会在距离我 2～3 米的地方滑，这样既给了我独自滑行的自由，又能在我出现意外的时候及时施以援手。

❝ 作者有话说……

孩子要适应学校这个新环境，父母也要适应孩子正在长大的事实，所以在孩子上小学一年级的时候，父母可能会因养育观念不同而产生冲突。这时不要紧张，也不要当着孩子的面争执，可以通过书籍、课程、朋友之间的交流，也可以向专业的心理医生求教，寻找更适合自己孩子的养育模式。

小知识

　　小学一年级是孩子人生的一个重要节点，这时的孩子对学校既好奇又感到不习惯，有的孩子还会有些许恐慌。融入好的孩子对学校充满了期待，逐渐明白自己的任务和责任，在学习和游戏之间找到平衡。而融合不好的孩子，会对学校有更多的恐慌，容易出现上课时注意力不集中、坐不住，与同学、老师发生冲突等负面情况。

　　为了让孩子更好地融入，家长切记不要过分强调孩子的考试分数，而是着重引导孩子愉快学习，提高学习兴趣。也要帮助孩子学会制订计划，鼓励其融入集体，允许孩子在感到不安的时候向父母撒娇寻找安全感。当孩子过度以自我为中心时，应帮助孩子学习换位思考，与他人分享。如果有余力还可以帮助孩子进行感知力、理解力、记忆力、创造力等思维训练。

从小学二年级到小学毕业往往是孩子一生中最快乐的时光，也是爸爸妈妈引导孩子爱上学习的重要阶段，更是培养孩子自信心的时期，如果爸爸妈妈能在这一时期能给孩子足够的理解和支持，孩子就能带着自信、自尊迈向青春期。

快乐的小学时光

快乐二年级

有兴趣才有快乐

一个学年过去了，我迎来了小学的第一个暑假。

爸爸妈妈和我一起计划如何度过一个有意义的暑假。为了让我全面发展，妈妈想给我多报两个兴趣班；爸爸则想让我到姥姥家住两个月，感受一下大自然；而我特别想好好玩两个月。

最后，我们还是按照妈妈的想法报了两个兴趣班。一个是我一直上的美术班，另一个就要看我的爱好了。我想了半天，也想不出报什么兴趣班好。除了画画之外，我只喜欢观察虫子，可是也没有虫子观察班。最后，还是妈妈做主给我报了一个钢琴班，说是为了让我文静一些。

然而，上钢琴课让我特别不开心，我的手指又短又胖，根本不像其他小朋友那么轻松就能敲到琴键，上了几天我就不想去了。妈妈又给我报了一个乒乓球班，希望我强身健体。可是打乒乓球实在提不起我的兴趣，上了两周我又不想去了。面对这种情况，妈妈感到有些失落，只能放弃给我报其他兴趣班的想法。

没有了额外的压力，我在美术上付出更多，每天从美术班回来，都兴奋地和妈妈讲学到的新知识，这使我们意识到美术才是我的最爱。

❝
作者有话说……

　　尊重孩子的选择才能帮助孩子寻找到真正的兴趣。此外，家长也可以从孩子的性格入手培养兴趣。例如，比较温柔、心思细腻、耐力好的孩子，可以从绘画、钢琴等方面培养；好奇心重、喜欢拆玩具的孩子可以培养科学方面的兴趣；性格开朗、精力充沛，喜欢跑来跑去的孩子，可以培养运动方面的兴趣。激发孩子的兴趣能够激发出孩子的内在宝藏，让孩子的天赋得到充分发展。

请不要只用学习成绩评价我

上二年级之后,同学们的成绩有了差别,我在学习方面一直表现平平。妈妈对我的成绩有些失望,悄悄和爸爸抱怨:"我们从小萱出生就付出了那么多时间、精力,结果她的成绩一直不太好,我真的担心她不够聪明。"我走过卧室时不小心听到妈妈的话感到很伤心。正想离开,又听到爸爸说:"不要着急,心理医生说过聪明的孩子大脑发育时间更长。你看《儿童发展心理学》上也说'前额叶皮层基本到八岁发育完成,而最聪明的孩子会需要到十一、二岁才会完成,聪明的孩子高级思维环路发展关键期会延长',也就是说,到小学末期才能确认孩子是否聪明,也许到小萱小学毕业就会变得更聪明了。"爸爸的话让我感到舒服一些,我把耳朵紧紧贴在房门上,继续偷听。

妈妈说:"难道我们就这样等着吗?"

爸爸接着说:"怎么是等着呢,我们平时对孩子做的思维训练一定会有用的。再说了智力有很多维度,学习成绩只能体现一部分智力水平,不是吗?"爸爸似乎还要说什么,可是突然停了下来,接着我就听到脚步声,还没等我跑开,爸爸就打开了卧室的门,我只能尴尬地和爸爸对视。

爸爸弯下身子,对我说:"小萱,好孩子不偷听……""我没有偷听,只是走到这里听到你们说话而已。"我辩解道。爸爸抱起我,对我说:"好吧,小萱没有偷听。爸爸只是要告诉小萱,不论你考多少分,都是爸爸妈妈的宝贝。"我仔细看着爸爸的表情,确认爸爸是认真的,我的脸上绽放出了笑容。

❝ 作者有话说……

美国神经心理学家霍华德·加德纳认为,智力有八个维度,分别是语言智力、逻辑数理智力、空间智力、音乐智力、身体运动智力、人际交往力、内省智力以及自然智力。霍华德·加德纳后来又补充了存在智力,其他学者又从内省智能中分拆出"灵性智能"。不同孩子的智力优势不同,我们不能以唯一的标准来评判孩子。爸爸妈妈应充分引导孩子发挥自己的独特优势,这样当孩子长大成人时才能成为一个聪明、自信、幸福、受人尊敬的人。

当我和同学闹别扭

最近我每天早晨都不想去上学。妈妈看出了我每次出门前很拖沓，就问我："小萱，为什么不想上学呢？"我却什么也不愿意说，只是叹口气勉强去学校了。上课时我总是心不在焉，根本注意不到老师说了什么，写作业时错误频出。

妈妈注意到了这些小问题，花了几天耐心地和我沟通，我才和爸爸妈妈说："我又和桃子闹别扭了，桃子说再也不跟我玩了。我是做错了什么吗，我会失去桃子这个朋友吗？"听了我的话，妈妈轻声跟我说："也许不是你的错，再等几天你试着和桃子聊一聊，看发生了什么事情。如果桃子愿意，你和桃子还是好朋友。如果桃子不愿意，你可以再等一段时间，等她想清楚了，也许一切都会好起来。"然后妈妈还和我读了三年级语文课本中的一篇课文——《争吵》，我意识到我和桃子发生冲突的原因既有桃子个性太随意的问题，也有自己对桃子没有耐心的问题。而且根据以往的经验，我们总会过几天就和好的，因此我的心情明朗了一些，不再过度纠结和桃子的事情。

果然，过了几天桃子又来找我了，虽然她说话的语气不太好，但是我还是弄明白了这次桃子不跟我玩的原因，桃子也弄明白我没有讨厌她的意思。我们解除了误会，两个人的关系变得更好了。

作者有话说……

　　学龄期孩子的同伴交往明显多于幼儿期，但孩子的社交关系仍然依赖于家长言传身教的各种社会经验和行为准则，所以当孩子感到不安时，家长要给予及时有效的指导和抚慰。

课外读物丰富我的生活

每天写完作业，我会看半个小时动画片，满足我和同学们谈话的需求，而睡前阅读却是我自己的习惯和爱好。

由于我一直以来养成了良好的阅读习惯，读书对我来说是一件充满乐趣的事情。徜徉书海，常常让我乐而忘返，经常需要妈妈提醒，我才会恋恋不舍放下手中的书。在书里我获得了课堂上学不到的各种各样的知识——诗歌、自然、科学、交通安全，甚至理财。

读书之后，我还会和爸爸妈妈分享自己看到的和想到的。爸爸妈妈也很乐意和我分享他们的想法和经验。当想法不一致时，我们就会一起追根溯源，查找资料。这种方法大大拓展了我的思路，让我的思维变得更为活跃。

"

作者有话说……

在孩子处于小学低年级的时候，时间比较充裕，父母可以鼓励孩子阅读、思考，并帮助孩子学会拓展阅读。通过这种方法可以大大扩展孩子的创造力和其他思维能力，获得自主学习的能力，提升孩子的学习效果。

高效学习离不开和老师的互动

我特别喜欢在课堂上回答问题,然而有一次我和老师互动回答问题的时候答错了,同学们哄堂大笑,这让我感到特别没有面子。有一段时间我在课堂上再也不敢发言了,我慢慢发现自己经常跟不上老师的思路,即使努力控制还是会注意力不集中。

妈妈从和我的交流中知道了这一点,认真和我谈了一次话。妈妈对我说:"同学们不是在嘲笑你,他们只是觉得好玩而已。上课与老师互动是一种勇敢和自信的表现,无论对错敢于说出来,跟老师保持互动,才能够更好地理解老师讲的知识,你的正确率才会提高。"妈妈的安慰让我又树立起课上跟老师互动的自信心,很快又能跟上老师的思路了。

作为家长要教导孩子和老师互动,在课堂上紧跟老师的思路,积极回答问题,易于孩子更牢固地掌握知识。一旦注意力不集中,老师讲的知识点就会错过,对学习造成负面影响。而小学二年级的孩子比较容易害羞,在课堂上出错时就会拒绝和老师再次互动,妈妈要了解孩子不互动的原因,针对性地对孩子进行引导,让孩子重新喜欢上回答问题。

三年级是一个转折点

尊重我，我的学习成绩才更好

现在我上三年级了，做作业早就不用让爸爸妈妈操心了，课堂上也会配合老师积极发言，认真完成作业，但是第一次单元考试时我却因为太想考到好成绩了而紧张不已，自然成绩不尽如人意。妈妈对我的成绩感到很不安，所以考完试严肃地批评了我。爸爸甚至冲我发火，大声对我说："你看糖糖、布布、土豆都考了 90 多分，你居然只考了 80 多分，你怎么好意思？"

长这么大第一次遇到爸爸妈妈这样对待我，我感到很对不起他们，只能更加努力地学习，希望下一次考得好一些。但是怀疑的种子已经种下了，我的情绪变得不那么阳光，学习的动力也越来越不足，等到期中考试心里更加紧张，分数依然是那个样子。拿到成绩单我担心再次被爸爸骂，踯躅着不敢回家。

谁知回到家，妈妈没有像上次一样批评我，平静地给我签了字，并对我说："上次爸爸妈妈批评小萱是希望你有一个好成绩，谁知适得其反。小萱愿意和妈妈谈谈遇到了什么困难吗？"

我嗫嚅着："我想考100分，可是有一道题我拿不准答案，就有些着急，越着急就越……"我的声音越来越小，直到变得微不可察。妈妈听出我的不安，声音变得更加柔和："妈妈以为小萱不想学习，所以才那么着急，原来小萱是想学得更好，这样妈妈就放心了。如果小萱愿意，我们一起来看看小萱学习上遇到了什么困难，好不好？"我的心一下被安慰到了，马上像竹筒倒豆子一般跟妈妈说起上三年级之后在学习上遇到的种种困难。

在接下来的一段时间里，爸爸妈妈和我一起分析、解决学习上的困难，并让我意识到三年级课程比一、二年级的难度有所增加，不能再强求自己每科考试都是100分，而是要及时查遗补漏。在爸爸妈妈和老师的帮助下，在下一次单元考试中我取得了意料之外的好成绩。回到家，我第一时间和妈妈分享了喜悦，妈妈理所当然地夸奖了我："小萱这次进步了10分，真的很棒！"我看着妈妈的笑脸感到喜滋滋的，对学习的自信又回来了。

❝ 作者有话说……

不要拿孩子的分数和其他孩子做比较，而是要拿孩子现在的成绩和过去的比较。鼓励孩子每一点进步，才能增强孩子的自信心，培养孩子勇于向上的勇气，而不是为一时的分数气馁，只有这样才能培养孩子积极乐观的性格。相反，一味要求孩子考高分或把其他孩子的成绩强加给他，会让孩子产生挫败感，对学习失去信心，甚至产生厌学情绪。

三年级功课有些难

进入三年级之后，课程难度明显增加，让我感受到学习的压力，学习热情明显下降。我写作业开始拖拖拉拉，一会儿鼓捣一下文具盒，一会儿喝水，一会儿又想上厕所，趁着爸爸妈妈做自己的事情时再看一会儿课外书。我经常晚上10点多钟还没有完成作业，还经常出现错题。爸爸妈妈看在眼里急在心里，时不时催促我快点儿写。后来见我总是说"知道了"，写作业的速度却依然故我。妈妈专门找时间和我谈话，帮我寻找作业拖拉的原因。无功而返后，妈妈只能在我写作业的时候陪伴在我旁边，观察我什么时候认真完成，什么时候三心二意。结果妈妈发现，我在遇到不会的题目或者重复性的作业时，比较容易没有耐心。

于是妈妈教我在遇到"拦路虎"时先放过去，等把所有作业写完再慢慢研究。这样我在写前面作业的时候就没有那么多畏难情绪，容易快速完成。后边可以集中时间解决难题，实在不会还可以得到爸爸妈妈的帮助，解决问题的成就感和爸爸妈妈的鼓励与支持让我感到开心，写作业的效率明显提高了。

写作业的效率上去了，学习中存在的其他问题也随之凸显出来，爸爸妈妈发现我在学业上有许多漏洞。和老师沟通后，他们一致认为我的学习方法有问题，其中最重要的是，我在上课的时候把注意力都放在记笔记上，笔记记得工工整整却没有听清老师的解题思路，遇到不同的题目就会感到迷茫。爸爸妈妈花了两个月的时间慢慢帮我学会记笔记只记重点、难点。在课堂上也慢慢学会跟着老师思路走。

　　三年级的学业明显比一、二年级难度增加了,导致一些孩子写作业的时候拖拖拉拉。时间久了,磨蹭的坏习惯就会形成,想要提高学习效率就变得困难了。此时爸爸妈妈要密切关注孩子在学习中存在的问题,和老师联手及时帮孩子解决。

教会我不犯同样的错误

我一直是一个好学生，上课认真听讲，课后按时完成作业，但是升入三年级以后，我在数学学习中问题频出，尤其是数学应用题总是出错。我感到很难过，总觉得大家一定对我很失望，好朋友也会笑话我，逐渐不喜欢学数学了。

起初妈妈觉得我只是在计算上马虎大意，要我做题时多检查一遍。我当然是个听话的孩子，每次做完题都按照妈妈的要求再次检查，可该错的、不该错的题还是出错。于是妈妈趁着周末让我把最近一周的错题都整理出来，在整理过程中我发现错的题多数是同一个类型的，原来是我对交换律的理解有盲点。妈妈和我一起重温了相关课程，重做了那些错题，从那以后我再也没有犯同样的错误了。

" 作者有话说……

家长要通过对孩子日常的学习辅导，让孩子认识到写作业是对知识掌握的检查和巩固，培养孩子养成检查作业、对错题再学习的好习惯，并教会他们总结错误原因，让孩子更扎实地掌握知识。

事半功倍的学习方法

爸爸妈妈帮我解决了作业和课堂笔记的问题之后,发现我还是经常闷闷不乐的,他们看在眼里急在心里。两个人观察了几天,弄明白了我的问题,妈妈指出了我学习上两个主要问题,一是没有坚持课前预习和课后复习,二是在听讲时胡子眉毛一把抓,听讲的效率自然不好。听讲效率低,学习效果自然差,进而导致学习问题频出。

针对我的这个问题,爸爸妈妈两个人轮流督促我进行课前预习和课后复习。通过课前预习我注意到下次课程的重点,遇到看不懂的内容画出来。爸爸还特意让我带着问题去预习,比如预习语文时将不认识的字画出来,通过查字典了解其字音、字意,并标在旁边;预习数学时先做一遍例题,尝试理解课本中的解题思路。预习之后,爸爸还会有意无意地向我提几个问题,检查我预习的效果。避免我在预习时只是匆匆看一遍,让预习流于形式。这样我在听老师讲课时就更容易理解老师的思路,既能跟着老师的思路走,也能重点解决自己不懂的地方,大大提高了听课效率。

当然课后复习对我也很重要,它可以加深我对知识点的理解和记忆。复习时,妈妈教我把重点放在重点内容和自己没有掌握的知识上,避免做无用功。妈妈还教我一个小技巧——错题本。有了错题本,我就知道自己经常在哪里出错,在预习和复习过程中也更有针对性和目的性。有了每天一个小总结,每周一个阶段总结,每个月一个大总结,加上期中和期末复习,几乎所有的知识都牢牢刻在我的脑子里。

除了缺乏以上学习方法，我在学习上还有不少烦恼有待解决。在所有课程中，我更偏爱语文，所以目前我的数学成绩有些拖后腿，数学作业时不时就会给我制造一些烦恼和痛苦。因此，爸爸每天都花20分钟的时间带我做数学游戏，让我在游戏中产生对数学的兴趣，找到学习数学的正确思路。他还帮我制订了从简单题目、基础知识入手的合理学习计划，解决偏科问题。

周末爸爸妈妈会时不时带我去图书馆，让我和很多同龄孩子在一起读书。这时他们并不会强求我读什么书，更多是鼓励我自己选书。在安静的书海中我不仅掌握了更多知识，也提升了自主学习能力和专注力。

此时我还不知道正是爸爸妈妈给我养成的这个良好的学习习惯让我在未来的学习生涯中如虎添翼，使我的学业水平一直保持在较高位置。不仅如此，这种良好的学习习惯还帮助我在生活、工作和社会交往中养成有计划、有目标的好习惯。

❝ 作者有话说……

三年级孩子不仅要学习知识，更要掌握学习方法。而孩子在学习中遇到的障碍常常以各种负面情绪的形式呈现给父母，因此父母平时要注意孩子的情绪变化，以便及时发现和解决孩子在学习中可能遇到的种种问题。

和妈妈谈谈心

最近一个星期，我总看到妈妈板着脸回家，我以为是自己做了什么不好的事情让妈妈生气了，小心翼翼地观察了一个星期发现似乎不关我的事。尽管如此，我还是觉得不能让这样的气氛再持续下去，于是决定找妈妈聊一聊。

吃完晚饭，我主动找了妈妈，跟她说："妈妈，我们谈谈心好不好？"妈妈吃惊地看着我没有答话。我也没有气馁，接着问道："妈妈，您为什么不高兴？"妈妈答道："是妈妈工作上的事情和小萱没有关系。"我学着爸爸严肃的样子盯着她说："小萱已经长大了，可以帮助妈妈了。"妈妈笑了，虽然没有说什么，但表情明显轻松了许多。我搂着她的脖子，轻轻晃动，暖洋洋的感觉在我们母女之间弥漫。

❝ 作者有话说……

小学三年级也是孩子情感表达的转折点，逐渐学会情感内敛和与他人共情。因此，更容易因自己或他人情绪而受伤，同时也会尝试在与父母、同学和老师的关系中通过共情来帮助对方。

小知识

　　三年级孩子交往范围扩展，学业难度加深，孩子遇到的各种困扰也随之而来。比如，一、二年级经常考满分的孩子到了三年级突然考80多分，甚至70多分；和同学出现严重冲突。爸爸妈妈要通过观察来发现和引导孩子解决这些困扰他们的问题。

阳光灿烂的日子

我和我的朋友们

不知不觉中我和糖糖、桃子已经同窗四年,糖糖聪明、好学、内敛,桃子憨憨的是个直脾气,我活泼、好动、善解人意,我们形影不离,无话不谈,建立了紧密的朋友关系。

我和糖糖的关系更紧密一些。我们住得很近,上学、放学都能学到一起、玩到一起,甚至吃、住在一起。糖糖妈妈还经常说我也是她的女儿,而我的妈妈也早已把糖糖当成了家里的一员。

我和糖糖在一起最喜欢做的事情是读书,各种童话故事是我的最爱,糖糖则比较偏爱各类科普书籍。我会和糖糖分享故事中主人公的各种奇幻经历,糖糖也会和我分享灿烂星空、森林里的动物以及哲学的奇思。我会好奇现实世界的奇妙,糖糖也喜欢童话世界的多彩。我们会时不时让爸爸妈妈带我们去大自然中探索书中描述的昆虫、飞鸟、石头、星空……爸爸妈妈们也会带我们去科技馆、博物馆验证我们的奇思妙想。不过,现实里没有能够实现愿望的宝葫芦,也没有无敌的阿童木,更没有奥特曼,还是让我感到有些不高兴。

和桃子在一起,我们玩得更多的是运动类游戏。桃子特别喜欢跳绳、打球,也喜欢捏橡皮泥,还喜欢聊好看的衣服、动画片等。

"作者有话说……

　　三、四年级的孩子逐渐建立了自己的小圈子,即使有的朋友看上去有这样或那样的问题,但家长也尽量不要干涉。孩子们有自己交朋友的标准,在交友过程中也有属于自己的快乐。有些孩子不善于交往,或者在交往中存在问题,家长可以鼓励孩子交朋友,也可以分享一些自己在社交过程中积累的经验,帮助孩子解决友谊中的困难。这样孩子在友谊中可以挖掘到属于自己社交的宝藏。

幽默的语言才更有用

我虽然爱说话,在重要的场合和人说话的时候却容易露怯。随着年龄的增长,这个问题愈发凸显出来,使我不得不解决这个问题。

一个偶然的机会我听说有一个老师开了一个小学生辩论兴趣小组,我和爸爸妈妈都认为这是一个机会,马上就找到老师报名参加。参加了这个活动我就知道自己来对了,这个辩论兴趣小组不是把比赛放在首位,而是聚焦小学生常见的情绪和沟通问题。

我的问题恰恰就是因为太追求完美,遇到压力容易焦虑,与人沟通时容易自说自话,忘记沟通的目的,导致话说出去,对方可能根本就没有听见,或者听见了完全没有明白我的意思。

在辩论兴趣小组上我学会了捕捉稍纵即逝的机会,调动自己的智慧,一次次解决困难获得沟通成果。这既提升了我的自信心,也提升了意志力。这样再遇到一些沟通或社交问题时,我就会想到自己在辩论兴趣小组中一次次成功的经历,对失败的担忧大大减少,沟通效果得到了明显改善。

在辩论兴趣小组中我还学会了许多语言技巧,尤其是学会了幽默的表达。有一天我在上学路上吃早餐,衣服上不小心蹭上了油渍,有同学笑话我,我没有像以前那么烦恼,而是微笑着对同学说:"我自己今天早到了 5 分钟,所以奖励自己一个小奖章。"

在训练中我还锻炼了思维的结构性、准确性，学会了更好地倾听和提问，让我在沟通中情感表达更丰富，更能引起对方相应的情感体验和共鸣。好多同学都说我说话情真意切，愿意和我说话，不知不觉间我身边聚集了更多好朋友。

❝ 作者有话说……

学会沟通，尤其是富有幽默感的沟通方式对每个人都非常重要。如果家长具有这种能力，潜移默化中就会传递给孩子；如果爸爸妈妈的沟通有问题，通过各种辩论小组、沟通训练也可以培养孩子的沟通能力。

幸福一家人

随着年龄的增长，我也更有自己的想法和行为习惯，有时在妈妈看来就是无理取闹。就像今天妈妈看到我的房间里东边一本书，西边一件衣服，左边一只鞋，右边一只袜子，就感到有些生气。于是对我说："妈妈看到你的书放到了椅子上，衣服放在桌子上，一双鞋也没有放在一起，妈妈感到烦恼。妈妈喜欢整洁，希望小萱能自己整理一下房间。"我头也不抬地对妈妈说："我觉得这样很好啊，你不觉得有一种凌乱的美感吗？"

妈妈听了我的话非常生气，想了好半天才说："小萱，说实在话，你在房间里感觉很舒服吗？"我知道妈妈不同意我的说法，也没有放弃说服我打扫房间的打算，但在尝试理解我，我想了想撒娇道："我就喜欢这样，每天打扫太累了。"妈妈听出我既想偷懒，又想房间整整齐齐，于是坐在旁边和我商量："你当然可以按照自己的想法整理房间，但是妈妈听出来你也喜欢整齐的房间，如果有一种省时间、省力气的整理方式，小萱就愿意整理房间了，对不对？"

我抱着妈妈的脖子，边撒娇边问："真的有这样的方法吗？"妈妈笑着对我说："当然有了，小萱忘了玩具回家吗？"我嘟着嘴，反驳妈妈："那才多少东西，而且都是同一类东西，每天晚上直接堆进玩具箱就行了，现在东西可多多了。"我掰着手指头跟妈妈说："课本、课外书、文具、衣服、玩具……堆起来根本找不着，现在这样虽然乱，但是要什么都唾手可得。"妈妈没有急于反驳我，而是耐心听完我的歪理，笑着说："听上去确实挺有道理。如果妈妈可以和小萱找到一种方便的方法,你愿意整理房间吗?"我马上回答:"当然,谁不想住在干净整洁的房间里呢?"

接下来妈妈和我列出房间物品类别,估算同类物品数量,确定物品安放地点,制作和贴标签……一点点把我的房间整理出来。说真心话,在整理的过程中我真想打退堂鼓。虽然貌似这样整理好之后,平时整理房间会很轻松,但第一次整理太难了。幸好爸爸也参与到整理工作中来,承担了打标签、贴标签等琐碎事情,才让整理工作得以顺利完成。

当一切物品安放就绪,我们一家人坐在整整齐齐的房间里,满心欢喜。我微微眯起眼睛,看着洒满阳光的房间,心满意足地在床上打了个滚。看来以后只要把物品放在专属地方,我可以很久不用专门打扫房间了。看着我像一只小猪一样撒欢,爸爸妈妈都开心地笑了,幸福的感觉充满了小小的房间。

> ## 作者有话说……

10岁左右的孩子正处在情绪相对平静期,无忧无虑,无拘无束,常常表现为阳光、快乐,很容易沟通。然而,这时也因为孩子自我放纵而容易养成一些坏习惯,父母在矫正孩子毛病的过程中要注意方法,尽量不要指责孩子,也不要把自己的孩子和其他孩子做比较,更不要强求孩子做自己做不到的事情,而是要一步步引导孩子注意到自己的问题,促进孩子主动改变。

从名著中收获力量

现在我已经能自己读一些大部头的书了，一些名著进入了我的阅读清单。最近让我手不释卷的名著是《爱的教育》。书中的主人公是一个和我一样正在读小学四年级的孩子。小主人公在学校里遇到了很多好玩的事情，也有温柔的妈妈和循循善诱的爸爸，还有各种成人不理解的烦恼，也会闹出大大小小的事件让自己尴尬，和同学出现矛盾和冲突时也会尝试解决……最重要的是主人公和我一样有情感、有爱。

不过因为时代不同，主人公的世界和我的世界还是有许多不同。我没有条件像他一样拥有风一样的自由。他似乎没有花太多时间做作业、上兴趣班，这让我心生羡慕。我和妈妈分享了我的想法，妈妈听到我的羡慕和无奈，问我："当代社会的压力的确比19世纪大了许多，让小萱不能拥有那样自在的生活。不过小萱也拥有许多19世纪孩子没有的东西。"我依偎在妈妈身边，听妈妈历数21世纪和19世纪相比所具有的优势，感觉好了很多。接着我还和妈妈分享书中所看到的和我自己想到的内容。尤其是小主人公本来去照顾爸爸，结果却阴差阳错照顾了一个陌生人的故事。在读书及与妈妈的分享和交流中，我吸收了很多爱的力量。

> **作者有话说……**

    随着孩子语文能力的提升，父母可以给他们多介绍一些名著。阅读经典不仅可以提升孩子的语言、文字能力，还能从经典中补充日常生活中没有涉及的知识、技能、经验。

放松训练让我更加沉静

进入五年级之后,我的学习成绩稳定在班级前十名。由于我性格和善,乐于助人,朋友也越来越多,在学校里就像小鸟一样快乐。

但是我考试容易紧张的毛病并没有完全解决。即使爸爸妈妈和我已经解决了学习和考试中的大部分问题,期中、期末这些大考我还会因为担心考不好产生紧张情绪,尤其是遭遇做不出来的难题还会出现头蒙、心慌的症状。有时大脑会感觉一片空白,后面每一道题好像都不会做了。这次期末考试尤其严重,以至于我都快急哭了。

爸爸妈妈在老师的建议下带我看了心理医生,经过医生的检查发现,我除了把考试看得太重,并没有其他问题。于是给我了两个建议:一个是改变对考试的看法,不断告诉自己,考试是对自己学业水平的测评,平时学习好了考试自然有好成绩,平时学习有漏洞,经过考试发现漏洞,就能及时修补,有利于之后的学业提升。二是教给我两个放松小技巧,腹式呼吸和肌肉渐进式放松。

腹式呼吸:在安静的房间里端坐,左手放在胸部,右手放在腹部,吸气时向外鼓肚子,呼气时肚子慢慢瘪下来,每次 10 分钟,每天两次。

肌肉渐进式放松:在安静的房间里端坐,从脚趾到头部以 10 秒为一个阶段交替收缩肌肉、放松。比如小腿肌肉放松,将双脚向上用力勾,使小腿肌肉收缩 10 秒钟,再放松 10 秒钟,当反复体验到肌肉收缩和放松时不同的感觉,身体就会逐渐放松下来。

按照心理医生的要求练习了 1 周，复诊时我和医生说腹式呼吸时感觉不舒服，医生发现我的练习方式有一些问题，帮助我调整了一下。然后，医生又和我谈论了关于考试的想法，嘱咐我不要关注考试成绩，而是要把注意力放到查遗补漏上。经过平日的反复练习和 3 次复诊，我的问题基本得到了解决。

" 作者有话说……

在孩子成长中会遇到这样或那样的心理问题，大部分情况下父母和孩子一起努力就能得到解决，少数情况下需要找专业的心理师甚至心理医生进行短期诊疗。极少数的孩子可能会被多动症、抽动症、儿童抑郁症等心理疾病侵袭，就需要数月乃至数年的长程治疗才能摆脱心理疾病的困扰。家长千万不要因此感到困扰，要相信这只是孩子成长的烦恼。

用自己真实实力竞争

我即将参加一个绘画比赛，可是一直没有想好画什么。为了赢得比赛，我已经准备了很久，临到赛前却遇到这种情况，让我感到非常沮丧。

听说绘画班的同学小文已经画出来了，我就急匆匆跑到她家看她画什么。看了她的画我马上有了思路，回来以后我也画了起来。

妈妈感到很奇怪，问我："小萱你这几天一直没有思路，现在怎么有思路了？"我告诉妈妈："今天我看了小文的画觉得她的画特别好，所以我在她的画基础上再加一些我自己的元素，这样我就能够超过所有的人画出最好的了。"

妈妈没有回应我的话，而是问我："你觉得绘画比赛的目的是什么？"我回答说："证明绘画水平。"妈妈接着问："你这样在别人绘画的基础上加了一些自己的东西，是你的绘画水平吗？"我想了想说："这是借鉴呀，当然是我的绘画水平了。"妈妈接着说："如果小文借鉴了你的画，你会怎么想？"我低下了头，想了许久说道："我知道了，想要荣誉要凭自己的实力，不能够投机取巧。"

接下来几天我观摩了很多大师的绘画作品，加上妈妈的引导，终于有了自己的思路。虽然我觉得和小文的创意相比还差一些，但是我知道只要我努力就会越来越好。

作者有话说……

　　父母要教会孩子良性竞争，和竞争对手相互帮助、相互学习，而不是自私嫉妒，才是竞争的最高境界，有足够的竞争意识才能进步。缺乏竞争意识，自己的能力也得不到提高，和他人的差距会越来越大，而不当的竞争会让孩子陷入只能赢的怪圈里，经不起小小的失败，一旦遇到挫折就会退缩或陷入负面情绪中。

户外寻宝，培养毅力

暑假期间，爸爸妈妈给我报了一个为期两天的户外寻宝活动。我对户外活动充满了好奇，欢天喜地参与了这次旅程。

然而，这次户外活动没有我想象得那么好玩。漫长的跋涉让我感到好累，根本无暇欣赏蓝色的天、绿色的树、白色的云、彩色的花……美好的景色。到了一段上坡路的时候，我已经累得上气不接下气，几乎跟不上老师的脚步。我嘟囔着要放弃的话，老师听到了走到我旁边大声给我鼓劲，让我又坚持了一段时间。

终于到了休息的时候，我偷偷地跟糖糖说："糖糖我一步也走不动了，我们可以打车回去。"谁知又被老师听到了，笑着说："你看我们走了这么远了，打车还要走好远才能有车，而且你现在单独走，遇到危险怎么办呢？"我想了想，有些害怕，只能继续坚持着。

天黑以后我们终于到了住宿的地方，我累得立马四脚朝天躺在温暖、柔软的床上，一动也不想动。休息了 30 分钟，又被老师一个个叫起来吃饭、做活动。幸好活动很有趣，我才勉强坚持了下来。晚上上床的时候，双腿就像灌了铅一样，我满心都是后悔参加这次户外活动的想法。

第二天，我非常不想起床，就和糖糖商量如何偷偷叫车溜走。还没商量好，老师又来一个个叫我们起床。老师就像知道我的想法一样，在吃饭的时候跟我们说了很多如何战胜退缩的话。我又想坚持又有些畏难情绪,幸好早上老师安排我们放风筝,让我放松了一些。

在野外放风筝和在市区广场上放风筝就是不一样,清新的空气让我们每个人都感到非常轻松。放松之后,老师又领着我们踏上了征程。老师张弛有度的安排让路途变得不再那么难熬。加上路上老师给我们介绍了看到的植物、动物、矿物,这让回程变得更加有趣、有意义。

回家以后,爸爸妈妈夸奖了我有战胜困难的勇气和毅力,让我倍感自豪。从那以后再遇到困难想放弃的时候,我就会想起这次旅行,为自己鼓劲。

❝ 作者有话说……

勇气和毅力是小学生需要培养的重要品质,爸爸妈妈不仅可以通过夏令营、儿童拓展训练等训练孩子,也可以通过鼓励孩子自己解决问题,长期坚持做一件事情,如长跑等体育活动,也可以自己带着孩子去远足。

有健康才有未来

上了六年级后,面临小学升初中的我忙得像个不停旋转的小陀螺。

这一年的学习任务太重了。我每天早上 6 点就起来晨读,学校里的课间休息几乎形同虚设,即使马力全开,每天的家庭作业也要写到很晚。学习的压力让我感到越来越苦闷,经常感觉都被压得喘不过气来。

学习压力透支了我的健康,我出现了心慌、胸闷等身体不适。爸爸妈妈带我到医院检查,医生说没有什么大问题,只是因为在长时间学习压力下体力透支了,只要睡好、吃好、心情放松就好了。

妈妈意识到这一段时间给我的压力有些大了,想给我放松一下。但是她也感到很纠结,担心让我放松以后考不出理想成绩,无法进入心仪的学校。

在爸爸的建议下,我们一家三口开了一个家庭会议,爸爸、妈妈和我各自写出对我未来的 5 个期望,通过这个方法,我们意识到幸福和健康对我才是最重要的,而上哪所心仪的学校并不是幸福的充分必要条件。而且,如果我现在就透支了健康,未来 10 余年的学业生涯也成了水中月镜中花。

之后,我适当减少了晚上的学习时间,保证 10 点半之前上床睡觉,课间也借着喝水、上卫生间等理由出去转转和朋友聊聊天。同时,我也把背书的时间调整到每天晨跑时,边跑边背书,背书的效率也有明显提高。

妈妈也更加注重我的饮食,尽可能让我一日三餐都在家里吃。给我准备符合小学生均衡营养要求的米、面、水果、蔬菜、鸡蛋、牛奶、肉类、鱼类等食物。

" 作者有话说……

虽然对孩子来说此时最重要的任务是学习,但是每天学习超过 12 小时对小学生来说也是得不偿失的事情。此外,为了孩子的学业不受到健康的拖累,家长每天应为孩子准备不少于 2400 千卡热量的食物。其中脂肪所提供的热量应在 30% 左右,其他热量由优质碳水化合物和蛋白质提供。过低的脂肪摄入不利于孩子神经系统发育,过高的脂肪摄入不利于孩子心脏等脏器的发育。与此同时,孩子每周还需要摄入不少于 10 种蔬菜或水果,以满足孩子对维生素和微量元素摄入的生理需要。

我的事情我做主

现在我的想法常常与妈妈背道而驰。妈妈给我买的那些规规矩矩的衣服，在我看来十分土气、过时。我喜欢追逐潮流，自己买一些时尚个性的衣服。妈妈却说我乱花钱，还说我买的衣服怪里怪气地不让我穿。为这件事我和妈妈冷战了好几次，每次都是我败下阵来，只好将钟爱的衣服束之高阁，这让我郁闷不已。而且妈妈以不健康为由不允许我喝香甜的奶茶，可是妈妈越这样说我越想喝。我心里时常充满了"大人们那么多规矩真的是好烦哦"之类的想法。

这让母女关系一度出现了紧张。幸而妈妈听从爸爸的建议不再过多干涉我。允许我在和朋友们聚会时偶尔穿一下那些时尚的衣服，也允许我偶尔喝奶茶，只是反复地跟我讲奶茶有什么坏处，还给我做了一些更健康的饮品，如酸梅汁、凉茶来替代奶茶。这些饮品的味道着实不错，甚至比奶茶还美味，让我对奶茶的兴趣大大降低了。我完全没有觉察到妈妈在饮料中放的糖越来越少，慢慢地我对甜饮料的依赖也降低了，渐渐地我突然发现自己已经失去了对饮料的依赖。

作者有话说……

接近青春期的孩子自我意识强烈，如果父母使用指责、嘲讽、否定、说教以及任意打断、拒不回应、随意出口的评价和结论的言语，会给孩子带来情感和精神上的创伤，容易让孩子出现叛逆心理，和爸爸妈妈发生冲突，偏离正确的成长轨道。

此时，父母应给孩子最大的尊重，允许孩子在不违反法律、校规、道德的情况下自由发展。当然这种引导包括对孩子健康的关注，比如每天饮水量在1100mL，其中水果汁和甜饮料应该限制在300mL以内。

我不想和你说话

妈妈说我越来越不爱说话了。其实我不是不爱说话，只是不想和妈妈说话。有什么好说的呢，她总是记不住我说的话，也弄不懂我想的是什么。虽然她最爱说的一句话是"我理解你的想法"。

就像这次我想买一本漫画书，妈妈貌似平和地对我说："我们能不能不买，这本书太贵了。"可是妈妈怎么就不问我为什么想买这本书，这本书对我有什么意义。大人们就是这么自以为是，总说对我好，可是你们知道吗，对我好就要理解我，不理解我就不要逼着我说话。

一个特殊的事件打破了我和妈妈不冷不热的状态。我来月经了，肚子非常疼，这种陌生的身体感受让我感到害怕。妈妈温和地抚慰我，给我揉肚子，还给我准备了1杯热热的红糖姜水，我发现妈妈还是挺爱我的。通过这件事我们的关系有了缓和，我也不再和妈妈那么针锋相对了，我和妈妈尝试相互分享自己的想法和情感，增加相互之间的理解。

　　六年级的孩子青春期就要来到了，已经有了一定的生活经验，看事物开始注重内在分析和主观感受。这是孩子第二个"我要"的时期，这个年龄的孩子会特别强调"我"，不愿意听从父母的意见。但他们在独立处理人际关系和其他实际问题上还很不成熟，仍然需要父母的指导和帮助。如果父母能给予恰当引导，把自己的一些经验传递给孩子，孩子才能逐渐整合自己，踏上成为最好的"我"的旅程。

我被青春撞了一下腰

　　最近我的两边胸部各长了一个硬硬的小包，我不知道怎么和爸爸妈妈说这件事，害怕自己生病了，还有些害羞，为了不让别人看见，我平时走路时会微微缩着胸部。这个问题所产生的焦虑感让我变得急躁易怒，妈妈说话稍微不合我的心意，就会让我怒火中烧。

　　妈妈观察到我的身体变化，也注意到我随之而来的情绪变化，为了帮我早日走出困惑专门找我聊天。弄清了我近一段时间情绪不稳定的原因，她告诉我胸部的变化和月经的到来都意味着我正在长大成为一个大姑娘。独立成熟意味着我可以承担责任和自己做决定。也就是说当我还没有长大到自己承担行为后果的时候，我不能参与讨论自己上哪个幼儿园，上哪个小学。但当我逐渐长大可以承担一部分责任的时候，我可以参与讨论上哪个中学及大学，而当我能够完全承担行为的后果，为自己负全部责任的时候，就能自主决定大学毕业后是继续升学还是直接工作。

　　我问妈妈："是身体的变化决定了我是否可以承担责任吗？"妈妈回答说："身体的变化为承担责任做出了生理准备。除此之外，你还需要多学知识增长智慧，学会情绪管理、时间管理、沟通、社交等技能，以做好心理准备。"我默然不语，心中暗想："自己承担责任简直是一件遥不可及的事情，而我现在身体如此难受，长大真不是一件好事。"看到我疑惑的表情，妈妈搂着我笑了笑，接着说道："你是不是在想长大要做到的事情太多了？"我仰望着妈妈，心里暗想："有时候妈妈还是挺理解我的嘛。"于是答道:"又要学习,又要交友,又要管理情绪,还要时间管理……简直就是完不成的任务!"

妈妈笑了,问我:"小萱从小到大和布布、糖糖这些好朋友玩得好不好?"

"好呀。"我不假思索地答道。妈妈接着说:"小萱很善于做计划,做事很有条理。"我得意地说:"当然。""朋友们是不是总说你遇事冷静,不乱发脾气。"妈妈接着说。"是的,可是最近我总是心情不好,不知道如何回到从前的样子。"我闷闷地说道。妈妈继续说道:"情绪管理并不意味着你任何时间都有好心情,而是当你心情不好的时候意识到自己的情绪出现问题了,尝试自己或在别人帮助下解决带来情绪问题的事件。现在小萱情绪不好是不是因为对自己身体变化感到困惑,并且试图通过上网查询来解决自己的困惑,对吗?"我低着头继续郁闷地说道:"可是,我并没有解决自己的困惑,相反我的疑虑更多了。"妈妈继续耐心地对我解释说:"没有人能自己解决所有问题,当小萱遇到困难的时候求助爸爸妈妈、同学、老师、朋友和其他能为你提供帮助的人,问题就会解决了。"妈妈和我的谈话并没有一下子就解决我的烦恼,但打开了我不小心关上的心扉,问题的解决只是一个时间的问题。

❝ 作者有话说……

多数 12 岁左右的女孩子第二性征已经开始发育，妈妈要及时给孩子普及相关知识，解决孩子因为青春期到来而产生的各自烦恼和困惑。而男孩子的青春期稍晚于女孩子，届时就需要爸爸来帮助孩子顺利度过青春期了。

同时青春期也是孩子继第一反抗期之后的又一次重要成长时期——第二反抗期。这时孩子的自我意识强烈，父母要特别注意调整和孩子的沟通方式，也要注意提升孩子自己的事情自己做的意识，逐渐培养孩子完成任务的满足感，增强孩子的责任心。责任感是一个人必备的品质，有责任感的人才能赢得他人的信赖，有更广阔的交际范围。

青春的躁动

现在我差不多和妈妈一样高了,有时我觉得自己已经是个大人了,在有的地方我懂得比爸爸妈妈还多,不再需要像小的时候那么依赖他们,可以独立做决定,可以自己安排自己的生活和学习。和爸爸妈妈沟通时喜欢强调"我要……",非常排斥爸爸妈妈说"你要""你必须",尤其讨厌他们催促我学习。当他们这么说的时候,我要么置之不理,要么强烈拒绝。

但我有时却迷茫、徘徊、内心脆弱,甚至怀疑自己的言行不对或很可笑,比如,我是否笑得很傻,说话的语调是否太高,走路的动作是否看上去很奇怪。我内心的困惑是如此之多,以至于妈妈小小的批评都让我感到没面子。爸爸妈妈和我的沟通愈加困难。即使他们小心翼翼,我仍然像一个火药桶一样一点就着。

爸爸妈妈只能不断尝试改善和我的沟通方法,直到他们发现在我主动和他们聊天的时候,比他们找我说话更有耐心时,我们之间的沟通才有所好转。

他们听我讲我在学校里发生的各种有趣或生气的事情以及我喜欢的书籍、影视剧、明星,并细心地发现我们在其中的共同点。尤其是当我为其中一些人或事出现忧伤、兴奋等强烈情绪时,妈妈不仅会认真倾听我说的话,还会仔细询问这些情绪与哪些人或事件有关,我当时的想法是什么。妈妈对我情绪的有效反馈,让我感到妈妈尊重我,理解我。我才会小心地把我的心门打开一个小小的缝隙,让爸爸妈妈能窥到我内心一点小小的浪花。随着妈妈和我沟通的步步深入我才会把心扉开得大一些。打开得越多我躁动不安的内心世界也越平静，和爸爸妈妈的沟通也就越顺畅，妈妈也就有机会引导我发现问题，解决问题，当我遇到的问题大部分被解决时，我的烦恼也越来越少，烦恼越少心情也就越好，心情越好，爸爸妈妈或者其他人说的一些不大中听的话似乎也没有那么不能接受了。

作者有话说……

六年级的孩子心理上即将或已经进入青春早期，自我意识逐渐强烈，情绪不稳定，喜欢用批判的眼光看待外部世界，甚至反感爸爸妈妈正常的教育、引导。虽然初步形成了个人的性格和人生观，但意志力仍不够坚定，分析问题的能力还在发展中。爸爸妈妈除了关注孩子的学习成绩，还要密切关注孩子的心理变化。尤其是和孩子同性别的家长更要反复调整自己和孩子的沟通方式，协助孩子管理自己的情绪，学会面对困难和挫折。

为升学冲刺

过了春节即将迎来小学升初中的考试，为了能上一个更好的中学我要全力以赴。幸好自上小学以来爸爸妈妈一直在用心培养我的学习兴趣和学习能力，让我能够在小学升初中的考试中领先一步。

我的语文成绩一直不错，数学也从烦恼重重到豁然开朗。在专注力方面我的优势尤为突出，同样是背一篇课文我会比桃子快一倍，比糖糖也能快一些。我的逻辑思维能力也在爸爸的帮助下得到了长足的发展，在做数学应用题方面的优势尤为突出。

更重要的是爸爸妈妈绝不会天天和我说一定要考上哪个学校，也不会说考上考不上都没有关系。而是提前和我一起做好冲刺阶段的学习和生活计划，并在需要的时候帮我适时调整计划。有一周因为老师临时变动了教学计划，导致我的计划只完成了 60%，让我一下慌了神。妈妈在周末专门留出时间帮我把没有完成的部分调整到接下来的两周。除了帮我按计划学习，爸爸妈妈还会帮我分析解决模拟考试中遇到的问题。他们具体而有效的帮助让我在整个备考过程中忙而不乱。

这样一来我就比其他同学多出更多时间用于练习和休息。考前我的情绪状态一直保持稳定，到考试的时候，我就像平时做练习一样轻松愉快地完成了考试，结果自然是心想事成。

❝ 作者有话说……

　　如果父母在小学的前四年为孩子打下了坚实的基础，孩子到小学五、六年级的记忆力会更强，注意力更容易集中，抽象思维、逻辑思维能力随之增强，为中学学习做好了生理和心理准备。

　　时光如白驹过隙，我在学校里已经度过了 6 年的美好时光，教室里，回响着我朗朗的读书声；操场上，留下了我奔跑的身影。在这里我交到了许多好朋友，还学习了语文、数学、英语、科学、思想品德、音乐、体育、美术、计算机、礼仪等众多课程。

　　我留恋这无忧无虑的童年时光，留恋和同学、老师的点点时光。不过我也知道，时光不会停歇，我已经做好踏上新征途的准备，我将会带着父母、老师、同学的诚挚祝福，以及在过去 12 年所挖掘的四大心灵宝藏带来的希望和奋斗的力量，为自己开辟了一条光明的人生道路。

孩子的第四个宝藏：勤奋

小知识

6～12岁的孩子，每年会长高5～7cm，12岁的孩子和自己6岁时相比，体重大约增长一倍，身体各项机能接近成人。在这6年里，大脑发育主要集中在处理注意力、语言和空间定位能力的脑区，大脑加工速度和效率较幼儿期有明显提高。不过负责理智的前额叶皮区尚未发展完善，孩子仍然比较感性和冲动，相对成年人情绪稳定性较差。

在智力发育方面，12岁的孩子能理解和应用物理守恒及数的守恒，能把事物之间的关系连接起来，做到概念分类和知觉分类；在心理发展方面，核心特点是获得勤奋感，克服自卑感，不再像幼儿期那样以自我为中心，能站在他人的角度来看待问题，利用他人的观点评判自己的对错。

小学阶段孩子的身体发育主要依靠合理饮食、适量运动、良好情绪和充足睡眠。而大脑和心理的发育还与家庭与学校环境、教养方式、艺术教育、人际沟通模式等有关。因此在小学阶段，父母不仅要关注孩子的学习成绩，为孩子提供良好的衣食住行条件，还要关注孩子的情绪。在孩子发脾气的时候，帮助孩子用积极的方法表达情绪、想法和需要。引导孩子养成良好的生活习惯,适当安排孩子上一些不以考级为目的的艺术课程。

帮助孩子学会制订、执行和总结计划,提升其时间管理和分析总结能力;利用数学游戏帮孩子找到学习数学的乐趣,提升孩子的理解力、思维力;利用亲子阅读培养孩子对语文的兴趣,以及提高孩子读写和分析能力。鼓励孩子与老师、同学交往,使其具备基本的做事和待人能力,提升社会交往能力和适应力。

这样,孩子就能在父母、老师和同学的帮助下,学习到符合年龄发展的知识、技能和智慧,身心健康地成长,获得自己的第四份宝藏——勤奋感,在今后的独立生活和承担工作任务中充满信心。

55检